时间

Introducing Time

克雷格·卡兰德（Craig Callender）/ 文

拉尔夫·艾德尼（Ralph Edney）/ 图

周晓青 / 译

图书在版编目（CIP）数据

时间 /（英）克雷格 · 卡兰德文；（英）拉尔夫 · 艾德尼图；周晓青译. —北京：生活 · 读书 · 新知三联书店，2020.3
（图画通识丛书）
ISBN 978-7-108-06766-1

Ⅰ. ①时…　Ⅱ. ①克… ②拉… ③周…　Ⅲ. ①时间－研究
Ⅳ. ① P19

中国版本图书馆 CIP 数据核字（2020）第 005300 号

责任编辑　李静韬
装帧设计　张　红
责任印制　徐　方
出版发行　生活 · 讀書 · 新知　三联书店
（北京市东城区美术馆东街 22 号 100010）
网　　址　www.sdxjpc.com
图　　字　01-2018-6763
经　　销　新华书店
印　　刷　北京隆昌伟业印刷有限公司
版　　次　2020 年 3 月北京第 1 版
2020 年 3 月北京第 1 次印刷
开　　本　787 毫米 × 1092 毫米　1/32　印张 5.75
字　　数　50 千字　图 167 幅
印　　数　0,001－8,000 册
定　　价　32.00 元
（印装查询：01064002715；邮购查询：01084010542）

目　录

时间是什么？

伟大的神学家、哲学家**圣奥古斯丁**（354—430）在《忏悔录》中写下他这一广为人知的谜题。

首先，在不知道时间是什么的情况下，他列举了一切能想到的和时间有关的东西——比如说这些话是要花“时间”的。他承认自己“很可怜，因为我都不知道自己不知道什么！”

奥古斯丁并不是唯一感到困惑的人。时间是什么以及与之相关的问题——例如过去和未来是否真实存在、时空旅行是否有可能发生、对时间方向的解释——令人着迷而又极难对付。

不同的钟表

日常生活中，我们最熟悉两种时间：钟表时间和我们心理体验的时间。

生活中到处都有钟表，有古董钟、表、闹钟，甚至还有通过焚香来计时的香钟。

自然界里也有钟表。

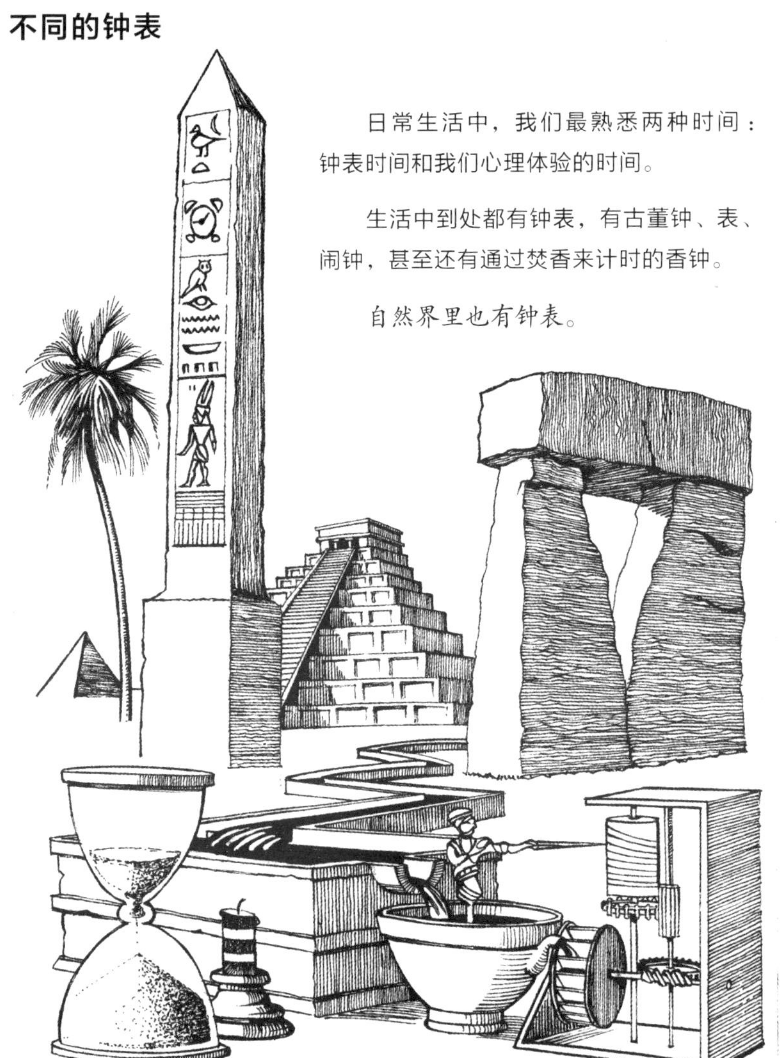

在人造便携钟表这一现代发明出现前，钟早就存在了。

四千多年前，埃及人使用方尖石塔影子钟、日晷、水钟。其中，水钟是由通过石头容器的水的流量来测量时间的。

到了公元前 1800 年，古巴比伦人把一天分成了许多个小时，把 1 个小时分为 60 分钟，又把 1 分钟分为 60 秒。

所有伟大的古代文明都利用了太阳和星星的位置来读取时间。这些钟都非常准。

古代天文学家凭肉眼看星星就能读取时间，而且误差不超过 15 分钟。任何人只要抬头看看太阳，都能大致估计出时间。

生物钟

我们身上自带生物钟。人的心脏每分钟平均跳 70 下。我们的情绪、警戒心、食欲都遵循一定的规律，它们和一天中的具体时间、月相周期、季节都有关。

生物钟似乎和我们大脑中下丘脑的一组神经细胞紧密关联。

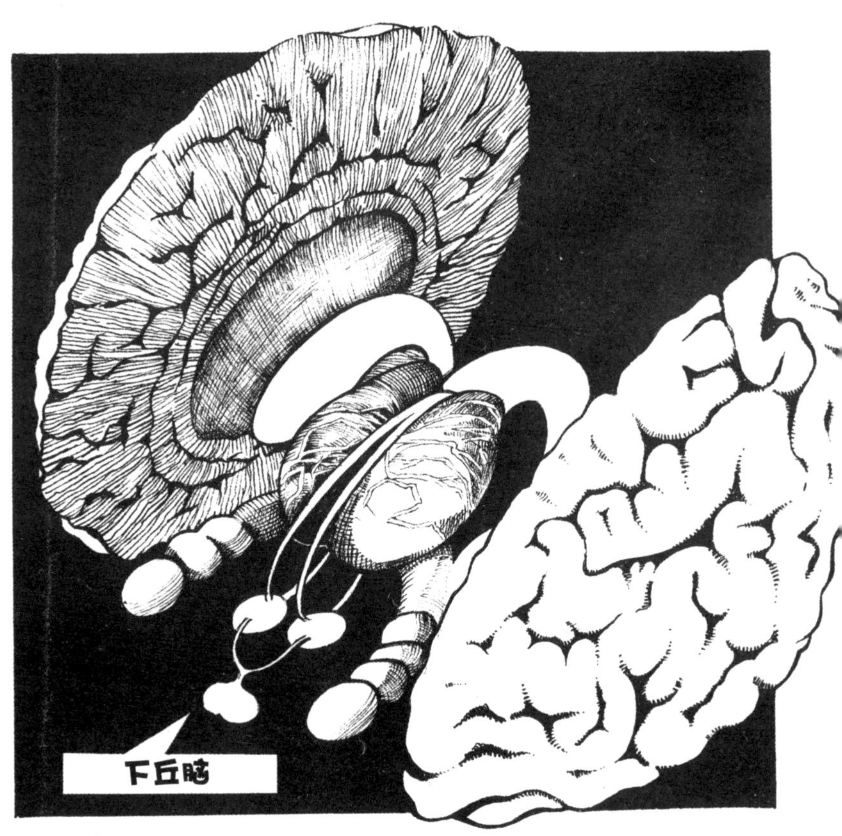

这些细胞和眼睛里的视网膜相连，它们调节激素分泌的周期、体表温度、睡眠与清醒的周期。褪黑素这种激素对我们每日的生理节奏影响很大。

生物钟并不是人类特有的。自然界中每种生物似乎都有自己的生物钟。有些生物钟特别准确，于是有人提议拿它们来做点对人类有用的事。瑞典自然学家**卡尔·林耐**（1707—1778）认为，花可以当钟表。

奇妙的是，并不是所有的生物钟都以日、月、季或年为周期。蝉是一种不同寻常的鸣虫，它在地底下一待就是 17 年。在地底下待够 17 年后，成千上万的蝉在同一时间出现，它们爬上树并交配，然后在几小时后死亡。就这样，下一个 17 年的周期又开始了。

无论是自然界里的钟，还是人造钟表，人们的生活因为有了它们而更有条理。然而在当代社会，钟表也会给人带来很多压力。

心理时间

我们能“感受”到时间过去了。除了各种钟表测到的物理时间，还存在着心理时间。我们对过去有记忆，对未来有期盼，我们经历长短不一的时间间隔。我们的个体可以主观地意识到时间的流逝。

每个人都能大致估计两个事件之间的时间长短。

一些人估算得很准，就好像他们头脑里有一台小小的内部钟，它在某种程度上和生物钟有关。

有趣的是，每个人的内部钟和他人的并不能同步，或比别人的快些，或比别人的慢些。

从秒表上读数，超快的过山车单程大约用时 11 秒钟。

11 秒对坐在过山车上的人来说，就像永远不会结束似的；而同样时间对一旁等待的人来说，只是一晃而过。参加篮球赛的孩子觉得比赛时间很快就过去了，而同样时间对旁边观看的家长来说，似乎是无休无止的！

在我们开始研究时间前，我们要认识到，时间不仅仅是钟表，也不仅仅是我们对时间的主观感受。时间不仅仅是床头柜上的闹钟，也不仅仅是心中所想。一旦我们建立这种认识，奇妙而深刻的问题马上就冒了出来。

时间只存在于头脑中吗？

奥古斯丁从起初的恐慌中平静了下来。他提出，时间在头脑之外并不真实存在。

波斯哲学家**阿维森纳**（980—1037）同意奥古斯丁的说法。

法国哲学家**亨利·柏格森**（1859—1941）据理力争。

这种说法对吗？虽然人们对时间流逝的感受并不一致，但都喜欢用时间顺序来给事件排序。

比如，这对父子从篮球赛场走回家，他们可能自比赛后就没看过钟表，而且有可能因为当天是阴天，所以他们不知道太阳在哪里。

假设他俩没看钟表就开始猜时间。他俩的猜测可能前后要相差几个小时。他们甚至可能还会争论谁对谁错，但对于事件发生的顺序，他们不会产生分歧。

“我们一致认为，史密斯下半场的罚球发生在后，他上半场的罚球发生在前……”

“而且，当史密斯踩了乔伊的手指时，乔伊的手指受了伤。”

除了极少数情况，每个获得相同信息的人都会在事件发生的“时间顺序”上达成一致。时间顺序里存在某种客观性，和某个人的主观感受无关。事件发生的时间顺序具有客观性，这证明了时间不仅仅是我们对时间流逝的心理感受。事实上，无论谁来观察，接连发生的事件的时间排序都一样。

钟表和时间

对事件发生的“时间顺序”达成一致，是否只说明，我们对钟表传达的信息达成了一致？或许，时间也就只是钟表这点事儿。事实上这是一个深刻的问题。然而，至少第一眼看过去，答案是否定的。因为我们经常会说自己的钟表“不准了”。你会说，我的表慢了十分钟，或者我的表停了，这或许可以作为你约会迟到的理由。但用钟表来计量时间就一定万无一失了吗？未必。我们知道，即使再优质的钟表，每年也都会“丢失”几秒。

我们希望，钟表每声“嘀嗒”之间流逝的时间都相同。因此，拿有规律周期运动的钟摆来做钟表，也就不足为奇了。但钟摆并不完美。在公海的船上，钟摆的运动就会受到扰乱，天冷、天热也会让钟摆的表现有所不同。

如果一个钟摆前后摆动了两次，我们怎么才能知道，两次摆动用的时间一样？这个问题被德国哲学家**汉斯·赖欣巴哈**（1891—1953）称为“时间的均一性问题”。

首先，就科学来说，你个人对时间的估量不够精确，而我们需要知道第一次摆动与第二次摆动是否“完完全全”一致。其次，你对流逝时间多少的感觉是主观的；可能你觉得两次摆动时间相等，而你的朋友不一定会同意你的意见。最重要的是第三点，你测量的是你思想里的时间，但思想本身很可能是个物理过程；这就把问题往回推了一步，我们要问，你怎么知道自己的思想“持续”了多久？

一段时间有多长？

我们无法直接测量时间过去了多久。“我们从来不测量纯粹的时间。”这一分钟和下一分钟的时间一样长吗？某种意义上说当然一样长：分钟就是由一段相等长短的时间来定义的，但我们说的是更深层次的问题。

让我们回头考虑钟摆的摆动。就算没能直接测到流逝的时间，我们仍认为钟摆可能不准。这又是为什么？如果有人故意制造麻烦，认定拿自己的钟摆来标记时间万无一失，又会出什么错呢？

假如他决定开船把钟摆带到赤道。即使不算上船的颠簸，我们至少还能找到两个影响钟摆的因素：赤道附近的空气更潮湿，所以钟摆遇到的阻力更大；而且，钟摆在赤道附近受到的引力略微弱。根据我们的标准，这个钟摆会“变慢”。

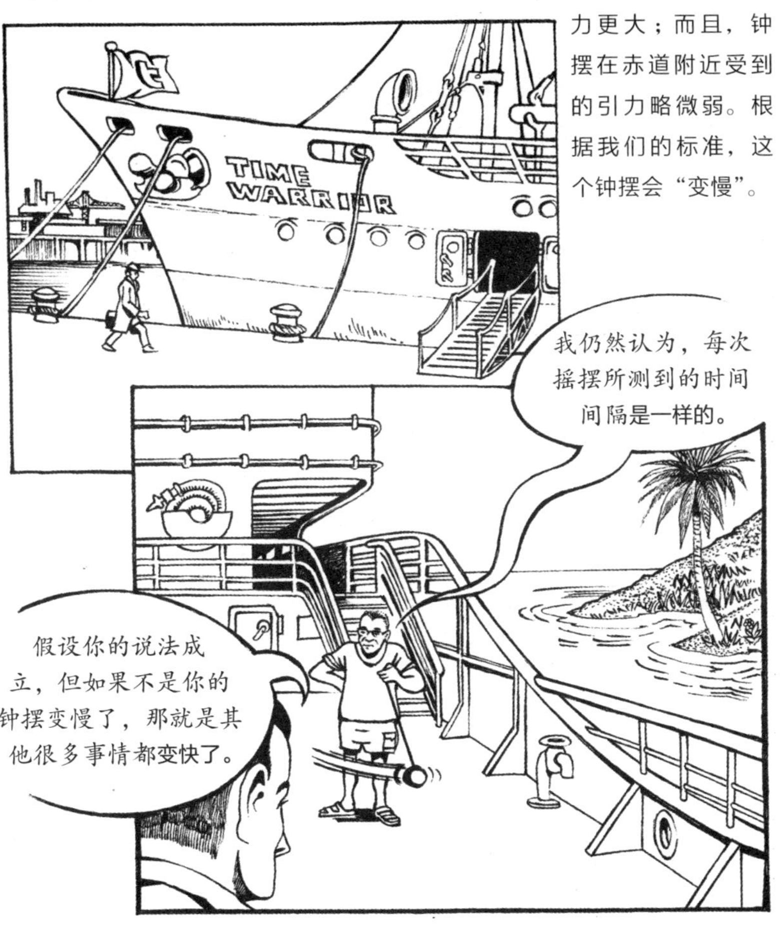

他必须承认，即便船帆上受到的风力没有变，水流也没有变，但船就是比之前要开得快。他必须解释，为什么这个世界上的钟表都开始神奇地变快了，为什么连太阳的速度也改变了。他无法解释这些变化，而我们可以，所以看起来我们是对的而他是错的。我们用星星的运动得出时间的假说，比他的钟摆假说要更科学。

最为可靠的钟表

让我们先停下来了解三种钟表，它们被证明都很好用。过去，最重要的是太阳和星空。

我们想象太阳每次经过经线都会“嘀嗒”一下，就可以把它定为钟表的“嘀嗒”。我们也可以选夜空里的一颗星，拿它穿过正南方来定义“嘀嗒”。这两种钟表都比我的腕表来得好。

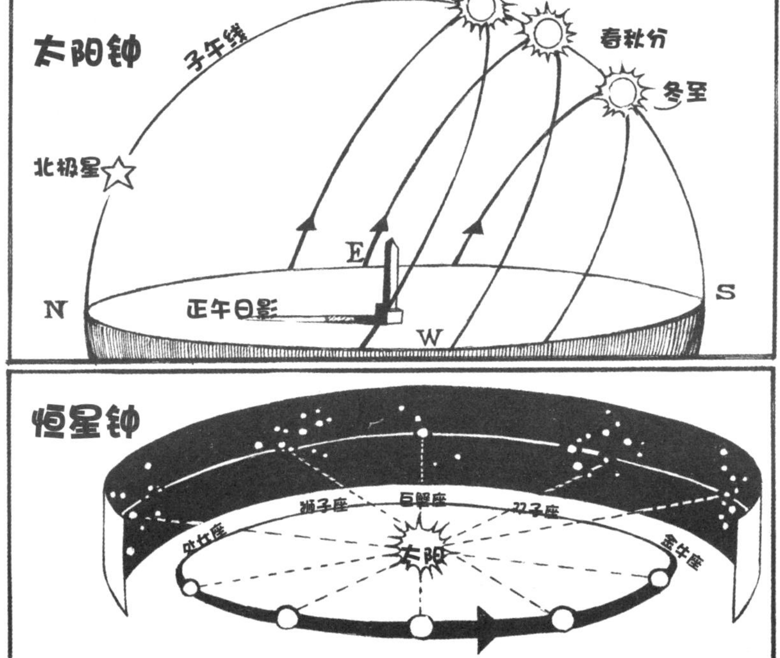

太阳经过恒星的轨道

我可以把自己手表与这两种钟表的出入归罪于手表的电量不足，我不会认为是太阳或恒星加速了或减速了。虽然这两种钟表都惊人地准确（星空比太阳更好），但还有更好的钟表。

原子钟

1949 年原子钟的出现，得益于 20 世纪粒子物理学的发展，尤其是美国物理学家**伊西多·拉比**（1898—1988）的研究。每个原子都有其自然共振频率，这种振动极其规律，可以用来定义钟表的“嘀嗒”。研究证明，原子钟比太阳钟和恒星钟更规律。1999 年，地处美国科罗拉多州波尔得的国家标准和技术研究所开始用原子钟来定义秒。这台原子钟就是 NIST F-1。

精确定义铯原子振动 9192631770 次为 1 秒！ NIST F-1 和地处巴黎的另一台原子钟是当今世界上最准确的钟。分布在世界各地的原子钟，被用来确定“协调世界时”，由此人们还定义了光的速度、标准单位“米”的长度等。然而，即便如此准确的钟，每 2000 万年也会“丢失”整整 1 秒。没有什么是完美的！

绝对、正确、数学的时间

如果 NIST F-1 是据我们所知宇宙中最好的物理钟，科学家怎么知道它也会“丢失”时间（即便每 2000 万年才只“丢失”1 秒）？

这是物理定律告诉科学家的。这点很深刻，表达得最好的正是**伊萨克·牛顿爵士**（1642—1727）。牛顿是经典力学之父，或许也是迄今最伟大的物理学家。牛顿说，时间不能和其可感觉量度混为一谈。这里的“可感觉量度”，指的就是我们实际在用的钟表。

牛顿认为，真正的时间不依赖于任何特定的钟表，甚至不依赖于这个宇宙中的任何特定物体。时间与这个宇宙容纳的东西无关。

不变的物理定律中，用的正是这种时间。物理定律指明事物会在“哪里”以及“何时”会在那里。为了描述事物何时会在何处，自然界假设了一种特定的时间量度。

比如，经典物理学告诉我们，自由落体的加速度恒定不变。

真实的时间

自然定律意味着有一台完美的理想钟表。时间真实，定律才成立。如果我们采用某种非标准时间，自然定律就不成立。如果我们从屋顶落下一粒石头，然后用钟摆来测量时间，相同的实验在英国和赤道附近会得到不同的结果。

科学家由此了解到，即便是近乎完美的 F-1 钟也会丢失时间。现有的物理定律就是这么告诉科学家的。种种物理钟表有好有坏，但找不出一个能完全匹配统治这个宇宙的定律的完美、理想钟表。

牛顿认为，我们不该把这些实际中不完美的钟表与时间相混同。时间是完美的、无形的，不依赖于任何物体。

并非所有人都同意牛顿的观点。牛顿绝对时间的观点至今影响深远且颇受争议。用科学哲学家的话来说，牛顿是一个“实在论者”——他认为物理定律里的时间是真实的“时间”本身；牛顿也是一个“绝对主义者”——他认为时间不依赖于任何特定的物理过程。

牛顿时间的反对者：相对主义

绝对主义的反对者被称为相对主义者，他们认为时间的本质就是“变化”，或者是变化的量度。这里的变化指的是物体之间关系的变化。希腊哲学家**亚里士多德**（公元前 384—前 322）认为，时间不过就是对运动的量度。时间是一个物理过程相对另一个物理过程的量度。

这样看来，既然时间是通过这个宇宙中事物的变化来定义的，那么时间依赖于物体，这和牛顿的观点正相反。亚里士多德认为，时间“确实”依赖于可感觉量度——实际的物理钟表。

在相对主义者眼里，因为时间依赖“物理运动”，所以如果没有变化，时间就没有流逝。看着静止的星星，我们仍然能经历时间流逝吗？亚里士多德考虑过这个问题，他指出，在这种情况下，我们仍然在测量着时间进程，测量用的是自己变化的想法和感受。除非它们也停下来。

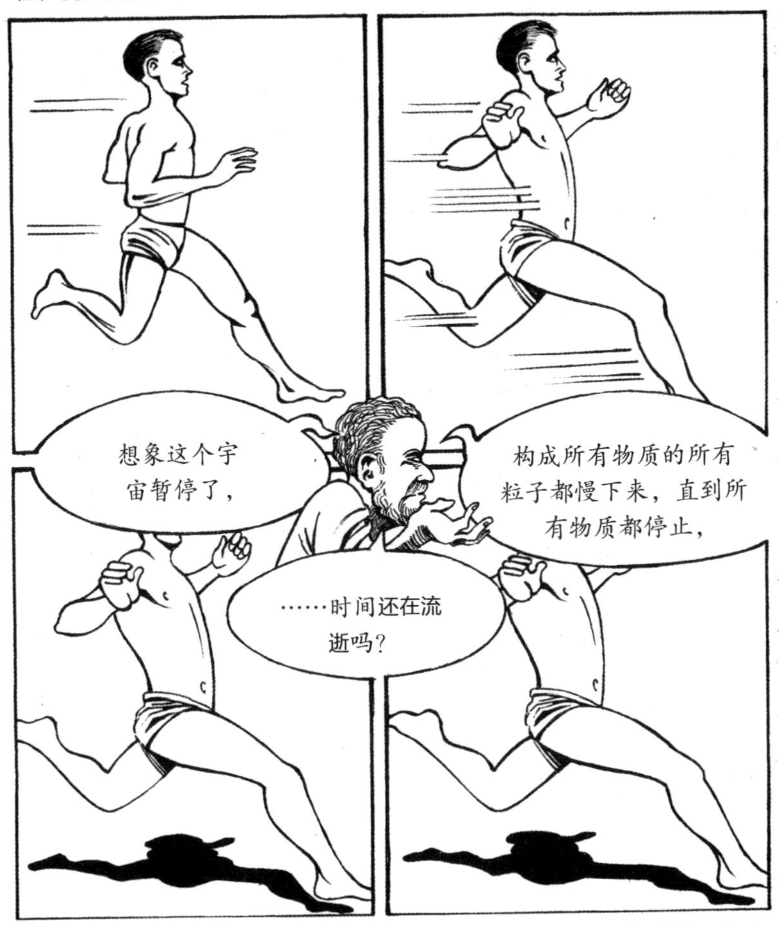

因为我们的大脑也停止了，我们确实“意识不到”时间的流逝。那么时间还是照样在流逝吗？如果时间不依赖于变化，那么时间就会流逝。所以在牛顿眼里，即使没有变化发生，时间还是会过去。但相对主义者认为这不可能，因为时间仅仅是变化的量度，既然无变化，那就没时间。

一个不存在变化的时间场景

时间过去而什么变化都没有发生，这至少还是可以想象一下的。美国哲学家**西德尼·舒梅克**发明了一个场景，在这个场景里，我们可以基于经验的理由说，即使没有发生变化，时间依然流逝。

想象一个世界由三个区域组成——比如三个星系—— A、B、C 星系。想象这些区域的居民可以相互观察、彼此交流。

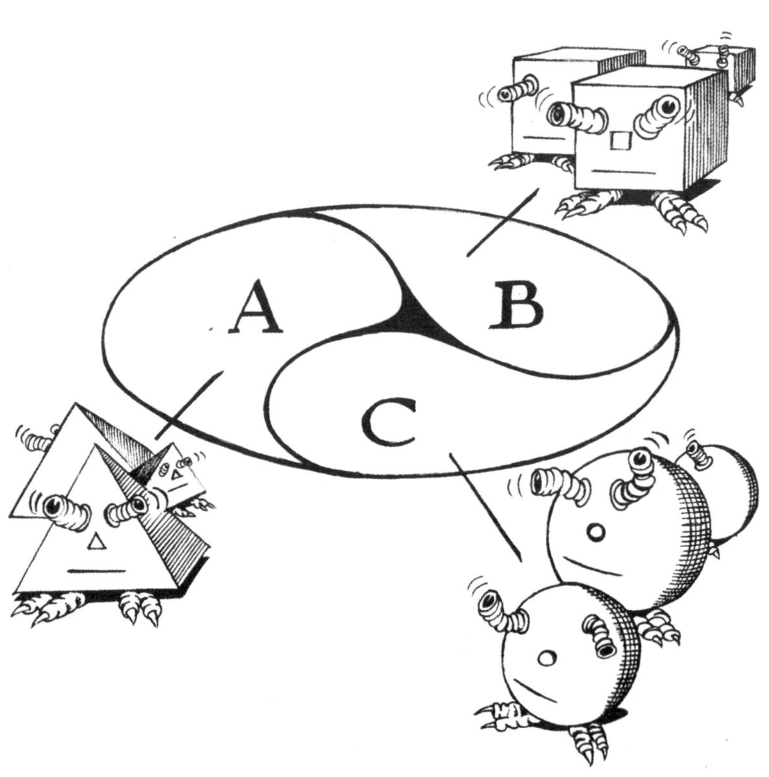

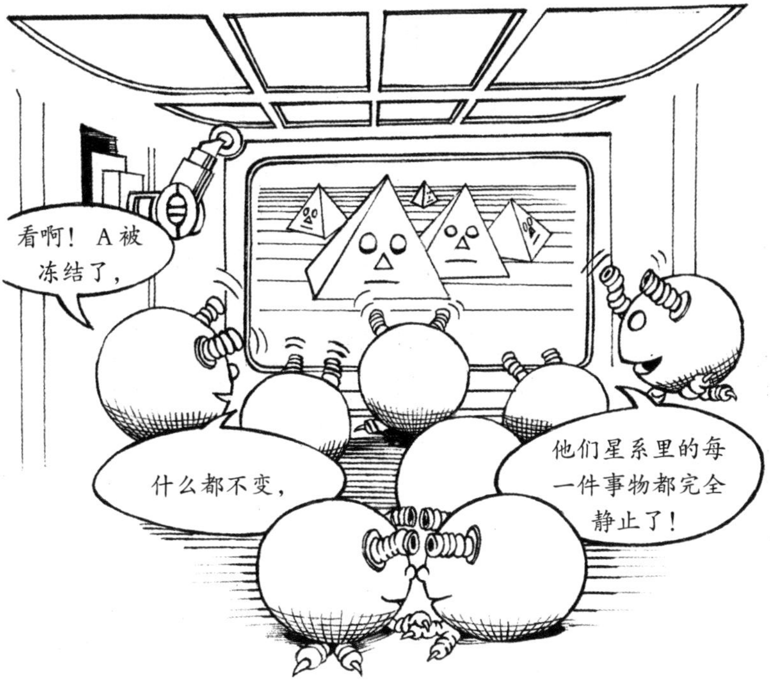

据观察，这些区域冻结会周期性发生：A 星系每到第 3 年会冻结一整年，B 星系每到第 4 年冻结一整年，C 星系每到第 5 年冻结一整年。它们以这种周期冻结，可以预计，每到第 12 年，C 会观察到 A 和 B 同时冻结。事情就是如此，C 也是这么告诉 A 和 B 的。

简单一算就知道，每到第 60 年，A、B、C 就会一起冻结。但由于它们就是这个世界的全部，所以有理由相信，每到第60年这整个世界会冻结；这也就是说，即便没有任何变化发生，时间也过去了一年。

虽然这个例子没能证明相对主义是错误的，但它表明，我们有理由相信，在没有变化发生的情况下，时间也会流逝。

相对主义能取代绝对时间吗？

德国数学家、哲学家**戈特弗里德·威廉·莱布尼茨**（1646—1716）独立发明了数学的一个分支——微积分。他和牛顿激烈论争，究竟微积分应该归功于他俩中的哪一个。在一次著名的辩论中，莱布尼茨对牛顿的时间观点也提出反对意见。他说，如果牛顿是对的，那么我们这整个宇宙早一秒或晚一秒出现都可以。莱布尼茨的这个假说无法验证，这一点他并不太担忧。

莱布尼茨认为，如果没有充分理由，神压根就不会创造这个世界！抛开神学部分，这个观点真正想表达的是：绝对时间论会带来并非必然的可能性。

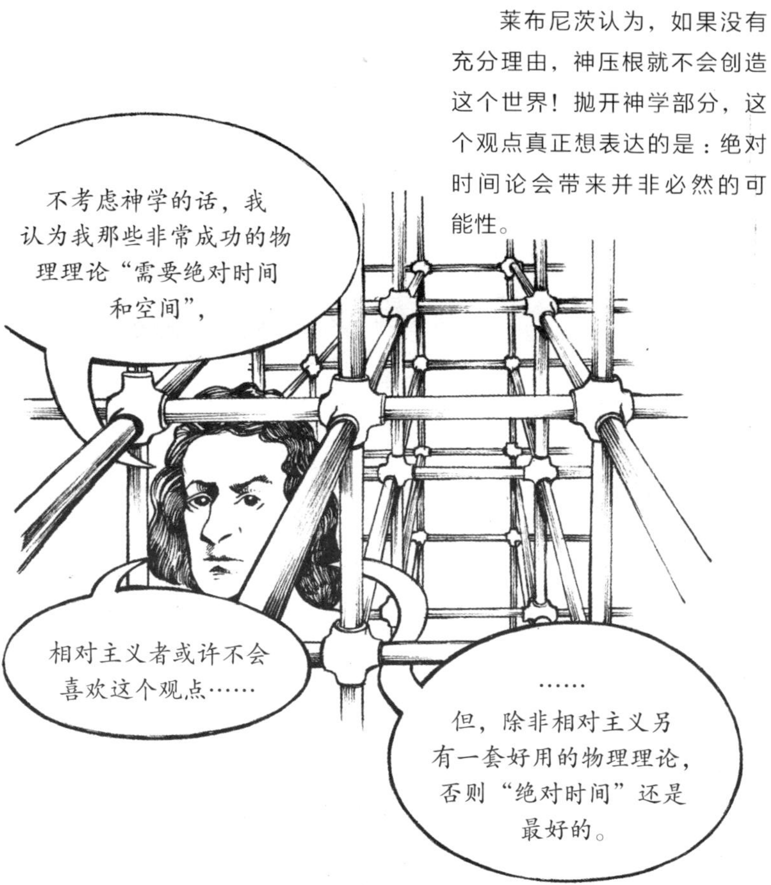

牛顿热衷强调，他的物理学更能阐明神的伟大荣光。他倒是没考虑，如果神要从两种相同情形中做选择，会感到非常困扰，以至于可能任何一项都不选——就像布里丹教授举的毛驴的例子，毛驴面对两堆完全一样的干草做选择，最后却只能一直饿着。

自牛顿和莱布尼茨的辩论以来，很多相对主义者积累了不少其他论据来反对牛顿的绝对主义。到了 20 世纪，哲学家和物理学家一直在争论：爱因斯坦的广义相对论是相对主义还是绝对主义。就这样，新物理理论出现后，这场辩论还一直延续着。

约定主义

牛顿认为有一个真正的时间“在那儿”，这种“实在论”的时间观念也招来反对。一个著名的反对流派就是约定主义。之前提到的赖欣巴哈就是著名的约定主义者。法国数学家、物理学家、哲学家**亨利·庞加莱**（1854—1912）声称，约定主义者对时间的看法非常简洁。他总结了天文学家测试时间的方法并表示赞许……

庞加莱不认为存在一个真实的时间。但他也并不因此就认为所有的钟表都同等准确。最简单的物理理论里用到的那种才是最好的。

如果我们用船上的钟摆来裁决时间，那么科学要在全球通用即使并非不可能，至少也很艰难。即便尽了全力，科学也会变得复杂而混乱。所以说，确实有一些时间度量比其他的更方便些。

如果另一些物理学家发明了新的物理，比如“马顿”发明了“马顿物理学”，而如果这种新的物理学更为简单，且用了另一种时间度量，那么我们会拿它作为时间标准。不存在哪种时间是真实的时间。简单，就像美一样，是对观察者而言的。这种观点是，我们用哪种时间，只是一种约定，而非事实。单就这点而言，就给一些人足够的理由来反对约定主义了。

一个不同步的宇宙？

这里要分享一件有趣的事。19 世纪 30 年代，物理学家**保罗·狄拉克**（1902—1984）和**亚瑟·米尔恩**（1896—1950）各自产生了同样的担忧。他们担心一个时间尺度可能并不够用。

论计时，原子钟比钟摆好些。要解释两者间的差异，可以说那是因为钟摆受到了变化的摩擦力和重力的影响。

狄拉克和米尔恩考虑到这种可能。他们想象，有可能最好的电磁钟（NIST F-1）和最好的重力钟（某个星云发来的脉冲信号）一开始是同步的，但两者最终产生了差异，且无法解释。据我们所知，这完全有可能。

如果是这样，那么要在深层次上最终形成大一统的物理理论——看来是没希望了。幸运的是，大自然对我们还算优待，引力钟和电磁钟之间出现的差异，我们都能用现有理论给出解释。

时间的本质：相对与非相对

日常对话中，谈论时间的方式本质上有两种。有些时候，我们提到某件事发生在过去、现在和未来："美国独立战争发生在过去""我的死在未来"等；还有些时候，我们谈论一些事件发生在其他事件的前或后："美国独立战争发生在法国大革命前""我的死亡发生在我出生后"等。

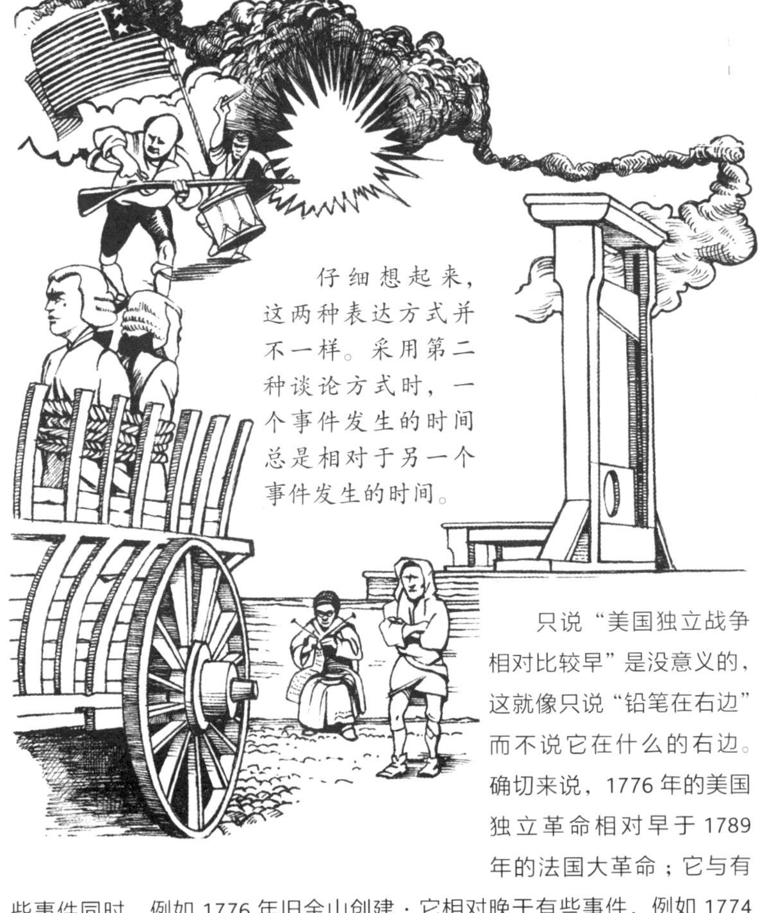

仔细想起来，这两种表达方式并不一样。采用第二种谈论方式时，一个事件发生的时间总是相对于另一个事件发生的时间。

只说"美国独立战争相对比较早"是没意义的，这就像只说"铅笔在右边"而不说它在什么的右边。确切来说，1776 年的美国独立革命相对早于 1789 年的法国大革命；它与有些事件同时，例如 1776 年旧金山创建；它相对晚于有些事件，例如 1774 年路易十六登基。这样说起来，事件到底是发生在过去、现在，还是未来，要看它和什么比较。时间总是"相对于"其他时间。

无时态与时态时间理论

相比之下，采用第一种谈论方式时，时间“不相对于”其他时间。我们说一件事发生在过去或者将来，就像是说一件珠宝在保险箱里。珠宝不可能相对于一个事物在保险箱里，相对于另一个事物不在保险箱里——珠宝要么在里面，要么不在——同理，一件事要么在过去，要么在现在，或者在未来。这并非相对于某个时间的过去、现在、未来，纯粹是过去、现在、未来，就是如此！

这两种谈论时间的方式有各自对应的理论。其一是**无时态时间**理论（也叫静止理论或区块宇宙），它认为时间就像空间；其二是**时态时间**理论，它认为时间在流动或形成中，是动态变化中的实体，和空间不同。虽然这种区分在亚里士多德、奥古斯丁等人那里已能看到些迹象，但实际上完全是个现代问题，它源自 20 世纪前 25 年的哲学家**约翰·伊利斯·麦克塔加**、**伯特兰·罗素**和 **C. D. 布罗德**之间的争论。

时态时间

也许，时态时间理论最符合人对时间的直觉，即大家普遍认为“人处在时间之树上”。从这个理论看来，未来是不真实的。读完这句话后，你将去做的事情并不存在。未来不确定，因此充满可能性。随着时间过去，这个世界在众多可走的路中“选择”了一条。如此，过去得到确定，而现在是过去和未来相遇的瞬间点。就像图里画的，这个世界的结构像是一棵长满分枝的树……

这个理论与“木已成舟”的观点一致，即我们不能改变过去，但我们可以改变未来，因为未来是“开放”的。

举例来说，想想苏格拉底的一生发生了什么改变。**苏格拉底**生于公元前 470 年。在他还是婴儿的时候，他尚不存在的未来充满各种可能性……

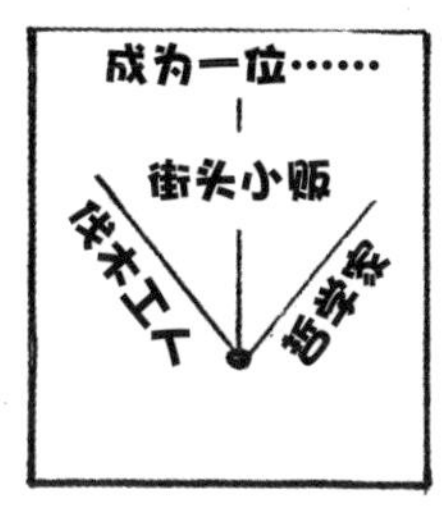

后来，苏格拉底作为一名步兵，在伯罗奔尼撒战争（前 431—前 404）中表现出了惊人勇气。此后，他在雅典公共场所投身教学。他的选择决定了一个独一无二的“已确定的”过去。公元前 399 年，他被判饮毒自杀。

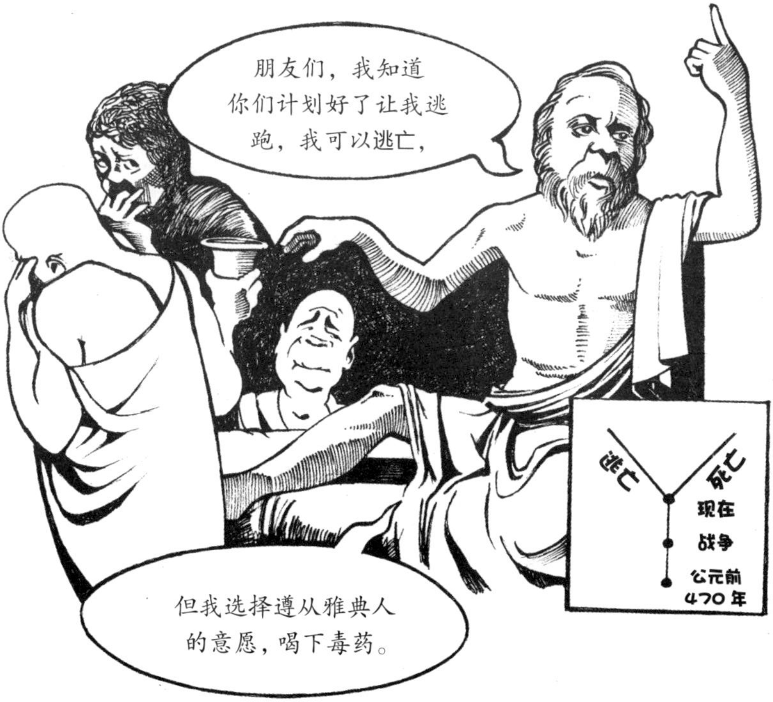

朋友们，我知道你们计划好了让我逃跑，我可以逃亡，

逃亡
死亡
现在
战争
公元前470年

但我选择遵从雅典人的意愿，喝下毒药。

在他死亡的那一刻，他的一生被确定在了过去。

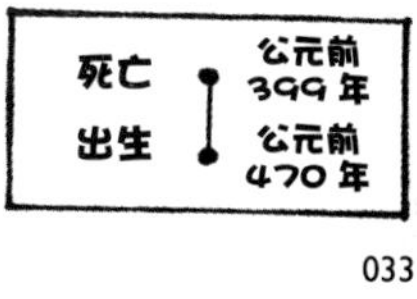

死亡 公元前399年
出生 公元前470年

事实上，时态时间理论有很多个版本。刚才描述的版本（传统理论）认为，过去是真实的，而当现在沿着“树”向上移动，不真实的未来就转化为真实的过去。对这个观点的最佳表达来自英国哲学家 **C. D. 布罗德**（1887—1971）。而在哲学家**亚瑟·普莱尔**（1914—1969）看来，过去和未来都不是真实的，只有现在是真实的，这种观点被称为“现在主义”。还有一些版本中，过去、现在、将来都是真实的，而现在会移动。接下来当我们提到时态时间理论，指的都是传统理论。

在 1900 年前，科学理论虽然并不牵涉这样的时间理解，但和这种理解是兼容的。另外，有理由相信，当时大多数人脑子里的时间就是这样的。

无时态时间

无时态时间理论没那么符合常识，却被大多数（但绝非所有）哲学家和科学家所喜爱。它的主要观点是，不存在生成、分叉、流逝，我们可以拿表述空间的方法来表述时间。

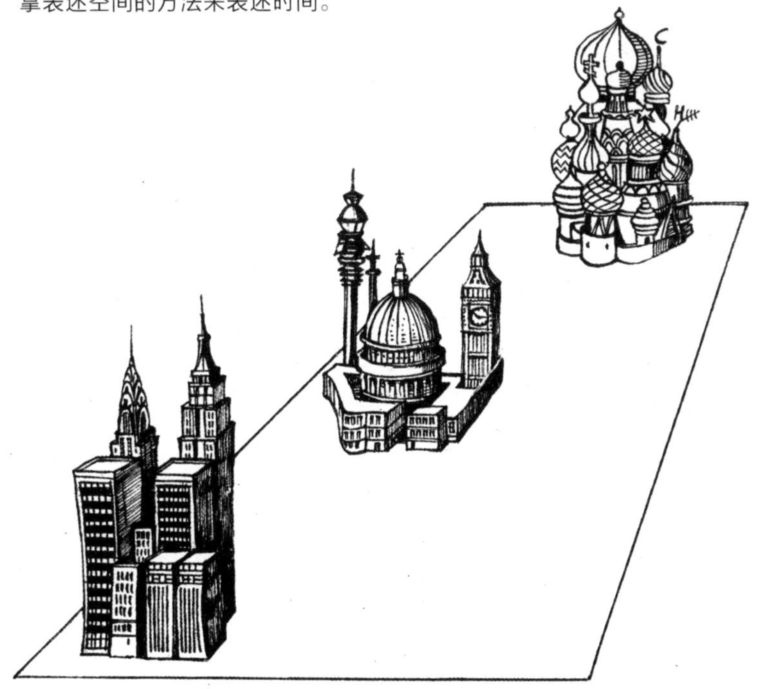

纽约、伦敦、莫斯科都存在，但它们不在同一个地方；同样，过去、现在、将来都存在，但它们不在同一时间。

这样看来，你的出生、你阅读这些文字、你的死亡这些事件都同等真实，彼此不相上下。

想要理解这个理论，先要从维度这个概念开始。时间，用这种角度来看，就是一种**第四维**。我们会看到，第四维没什么吓人的，只是说事件可以用四个数字来表示。

表示维度

一个纯数学的点是零维的。它没有长、宽、高。

•

现在把这个点向右拖拽 2 英寸，我们想象拉伸过程中留下了墨水痕迹。

——————————

现在你有了一条一维的线。这条线在纸上有长度而没有宽度，也没有深入这本书里的深度或（理想化地）从书里立起来的高度。如果我们现在把这条线往上拖拽 2 英寸，我们就有了一个二维的实体，即一个**面**。

你可以把一个面想象为一张尽可能薄的纸，它没有任何厚度。如果我们把这个面从这一页上拉出 2 英寸，那么我们就有了一个固体的**三维立方体**。我们这个世界充满在三维空间里延展的物体。

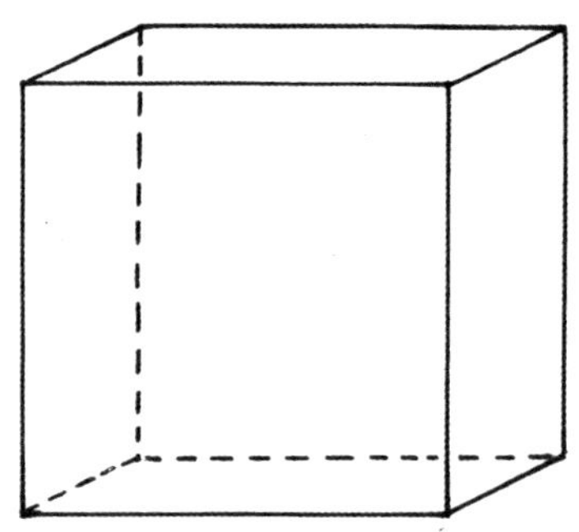

第四维或时间维

好的，我们继续吧。虽然我们没办法靠视觉来想象，但只要我们愿意，一直重复之前的步骤应该不难。每次，我们拿一个 n 维的对象，沿着垂直于所有其他方向的方向作拖拽，得到一个 n+1 维的对象。让我们再做一次，并把这个新的维度称为**时间**。

很不幸，我们没法将它画出来。但接下去我们会看到，它理解起来很容易。

你或许熟悉这种做法：在一沓纸的底部角落画一个小人，迅速翻页的时候，小人看起来会动。好了，抛开翻页，这是我们要的概念：这个世界就好比一沓纸，在不同的时间（不同的页），大量空间实体处在空间点上（同一页上的各个地方）。

空间与时间的示意图

打个响指，用它选出时间的一个瞬间。在这一瞬间，世界上所有物体都有确定的空间位置：你的手在那里，飞机上的人离你的手成一定角度并有一定距离，诸如此类。现在再打一个响指。现在你的手有了微小的移动（手在移动，地球在自转），飞机也动了。

这些响指选出了时间和空间中不同的点。

如果把三维空间物体用二维甚至一维来表示，我们就可以描述刚才发生的事。示意图中的竖轴是时间而非空间高度。在这张示意图里，你的手和飞机（暂且忘记世界上其他所有）各自跟出了一条“世界线”，而你的两声响指在这些世界线上选出了特定的时间。

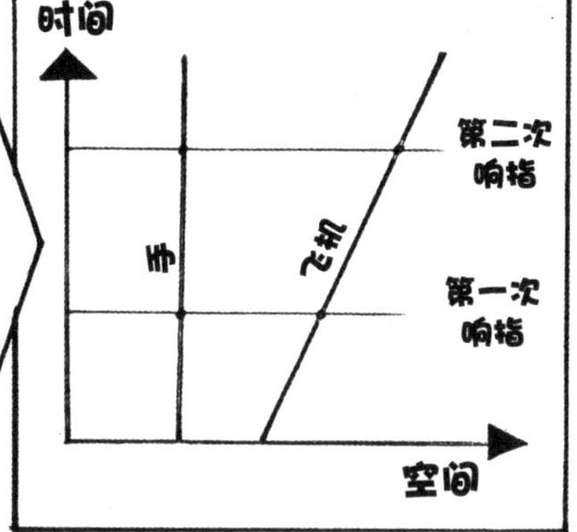

示意图中，飞机飞离你手的运动，是用两者之间的空间距离来表示的（用横轴量度）。你在示意图中随着时间（用竖轴量度）“向上”走，两者之间的空间距离随之增加。

举一个最简单的例子，一块石头安静地躺在那里（忽略地球本身的运动），那么示意图是这样的……

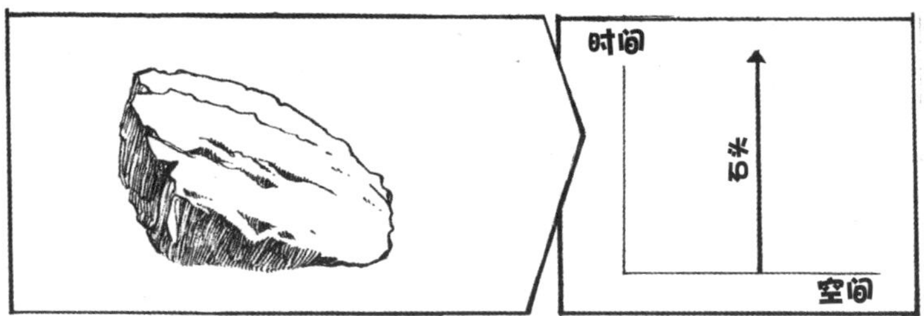

两个桌球碰撞后，示意图是这样的……

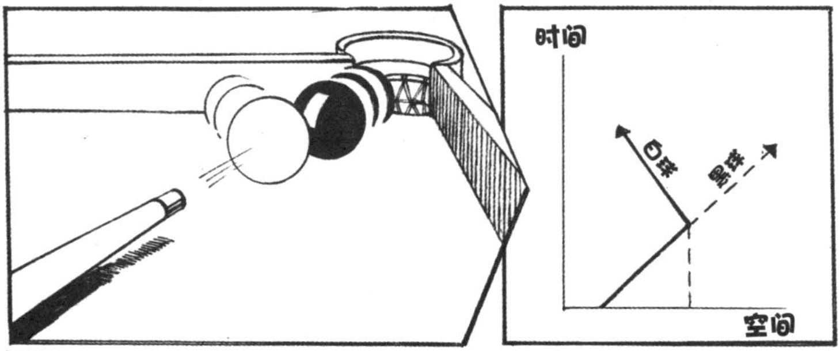

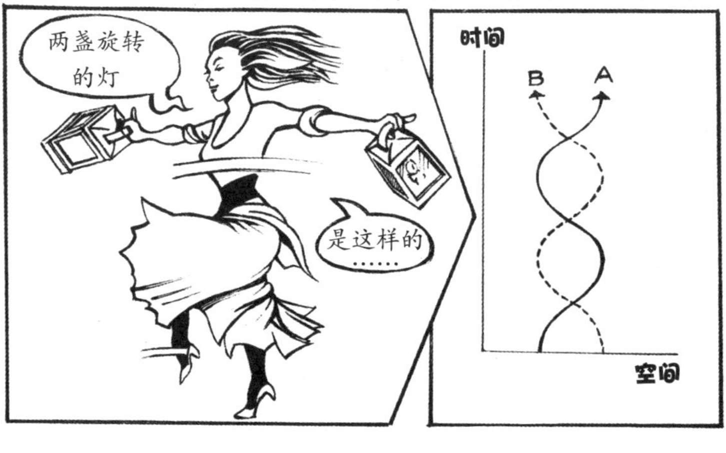

“无时态”的人生写照

在无时态或区块时间理论看来，过去、现在、将来都存在。因而，你的一生看起来是这样的……

描述这个理论的时候，我们必须谨慎，过去和将来并不存在于“现在”。这种理论中的“现在”并不享有特权。“现在”只是你说“现在”这个词的时间点。如果你说“现在，这本书开始描述一种奇怪的时间理论了”，它指的是你说出这句话时同时发生的事件。如果你说早了，它指的是早一些的事件。

“现在”和“这里”

“现在”在时间里的作用，就像空间里的“这里”。“我在这里”表示你说这句话时所在的位置——如果在纽约，那就指纽约；如果在伦敦，那就指伦敦；如果在月球，那就指月球。在过去、在现在、在未来总是**相对于**你所在的时空区块，这和时态时间理论形成鲜明对比。有些人第一次听到这种理论时，觉得那简直是疯了。

我们会高高兴兴承认波士顿、伦敦、莫斯科都同等真实，即使身在一处时看不到另外两个。我们会解释说，因为它们处于不同的地方。同理，你的出生和死亡都存在，只是处于不同的时间。

关于运动和变化的问题

人们有时会反对，因为这种无时态理论下没有运动和变化。这种看法又对又不对。如果变化“只”是不同时间有不同的性质，如果运动“只”是不同时间在不同的空间位置，那么这种看法就不对了。

哲学家、诺贝尔奖获得者**伯特兰·罗素**（1872—1970）就是这么看待变化的。从这种意义上说，这个理论当然包括变化和运动。

你的茶杯一开始是温的，然后在另一时点，茶杯凉了一些，在第三个时点，茶杯更凉了。依次类推。而月亮一个时点在这里，而另一时点在另一个地方。

前面一个例子说的是从热到冷的变化，而后者是关于运动的。从这个角度看，变化就是“三维物体”在不同时间有不同的性质，而这在无时态理论中当然可能发生。运动和变化在四维中已有涵盖。

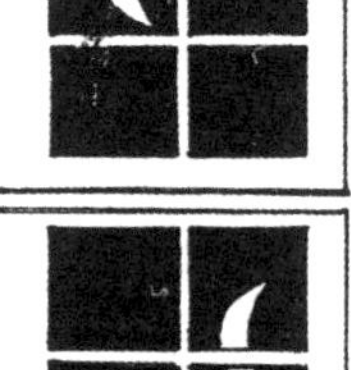

当然了，在无时态理论中，“所有的四维物体”的瞬时关系是完全固定不变的。从四维看，就不存在变化。克尔特·冯内果的小说《第五号屠宰场》（1969 年）中，外星人不仅能看到三维物体，还可以看到四维物体。所以在他们看来，地球的历史，过去、现在、将来是摊开的，固定不变的。因为没有**第五维**可以让四维物体在其中变化，所以罗素提到的变化不可能在这个层面发生。“反时态论者”（detenser，反对时态时间理论的人）说，这不应该发生。

在时间 t 有 100 摄氏度的性质，不仅在时间 t+1 时没有了，而且它还掉进了“过去”。必须有“一些额外的东西”来区分真正的随时间变化和纯粹波动而已（例如一面旗子上的颜色波动）。根据这种对变化更严谨的定义，无时态理论中不存在变化。

麦克塔加的论证

在《时间的不真实性》（1908 年）中，苏格兰哲学家 **J. E. 麦克塔加**（1866—1925）陈述了他的论证，如今这在哲学家圈子里尤为著名。这个论证的结论是时间“不存在”，或者更甚，不存在任何东西值得被称为时间。麦克塔加的论证，支持时态论者和支持非时态论者的观点都有。时态论者喜欢的是，他声称“真实的”变化只有在时态时间理论中才可能是正确的。麦克塔加说，只描述一个茶杯在时间 t 是温的，而在稍后的时间 t* 凉了，这是不够的。

所以麦克塔加认为时态时间理论最符合我们的经验。

有趣的是，他说虽然时态理论是最好的解释，但它“不自洽”。这无疑就符合反时态论者的口味。这个论证看起来如此简单，仅从时态理论的两个主张出发。

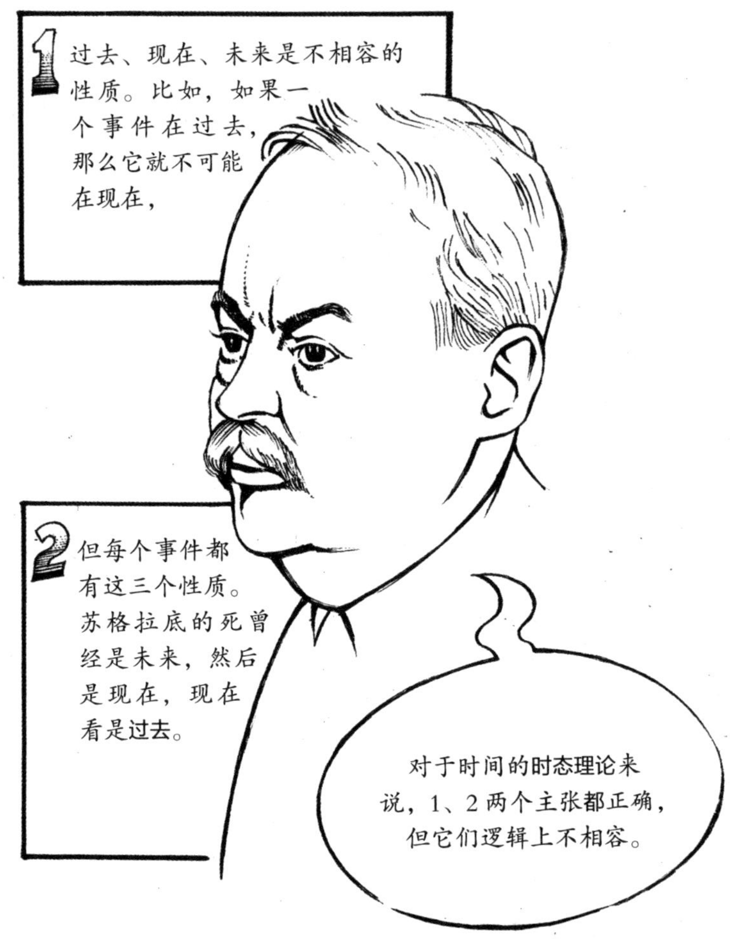

因此，时态时间理论必然是错误的。但因为他觉得这是对于时间和变化最好的描述，所以他的理论最后得出了令人惊愕的结论，即时间不是真实的！

避开麦克塔加陷阱

避开这个结论，一般有两种方法。反时态论者干脆不承认，无时态时间理论不足以描述我们经历的变化。

在**公元 2000 年**，苏格拉底的死是过去的，据我们所知，在**公元前 399 年**，他的死是现在的，而在**公元前 500 年**，他的死是未来的。不像 45 页的主张 2 中说的，过去、现在、未来都在一起。

这个答案本身并不够好（这就是为什么麦克塔加的理论还是被广为接受）。“在2000年，苏格拉底的死是过去”本身是在陈述一个无时态的事实。

如果时态论者排除两个主张之间的前后矛盾，是用了无时态理论，那是他们已经放弃自己的理论。难题是，时态论者是否真的可以用非无时态的方法让时态变得合理。

时间流逝有多快？

在著名短文《时间流逝的神话》（1951 年）中，美国哲学家 **D. C. 威廉姆斯**对时态时间理论发起了强有力的攻击。威廉姆斯问，是否真的需要时态。所有的需要都是基于对区块宇宙的混乱理解（例如它不能表述运动），他主张（带着他特有的才华）无时态时间理论“是对事件最卓越的逻辑陈述，是智者下颚紧咬事件之肉时所用的牙齿”。

这篇短文包含对时态的反驳，非常著名，由 C. D. 布罗德最早提出，并由威廉姆斯扩展了。这个反驳源于一个问题，“时间流逝有多快？”

所以，如果“现在”在运动，那么它一定是相对于时间来运动。但“现在”本身“就是”时间，所以它是相对于自己在运动吗？威廉姆斯说，当然不是，这没道理。如果它在动，那它就是相对于第二个时间点在动。

对于“时间流逝有多快”这个问题，时态论者有时会回答说“每秒 1 秒钟”。但这并没有回答问题，因为我们可以简单忽略“秒”而剩下的答案是“1”，那么 1 什么呢？就是 1。这并没有给出一个合理答案。

最好的答案，或许是让时态论者彻底否定“现在”会相对于时间运动。C. D. 布罗德这么认为：

最后提一句，无时态诠释的时间完全符合莱布尼茨、牛顿、庞加莱以及（我们之后将会了解的）爱因斯坦的时间观。时态理论能否和爱因斯坦一致，是我们将要面对的话题。

伽利略相对性

关于这个世界，意大利科学家**伽利略**（1564—1642）陈述过一个为人熟知的有趣事实。物理定律对任何匀速直线前进的物体都适用，无论速度是多少。

举个例子，平静的大海上，一艘船直线行进且速度恒定。伽利略指出，大自然并不关心你是否在船上做实验。无论船开每小时 5 英里、每小时 10 英里，或者干脆停下来（每小时 0 英里），你都会观察到相同的现象，得到相同的结果。

如果船的运动完全匀速，而你所在的船舱没有窗户，你会无法分辨船是否在动。这个重要的事实——大自然不管你做实验的时候是匀速前进还是静止——被称为**伽利略相对性**。

参照系

换句话表述伽利略原理，即大自然不会区分“不加速”和“静止”的**参照系**。简单来说，参照系是一堆彼此间不相对运动的物体。前面说的船定义了一个参照系。甲板、桌子、帆等物体，都没有相对其他物体的运动。

无穷多个参照系。当然，参照系之间会相对运动。

事物的速度取决于你处于什么参照系。如果你正开着车，速度为每小时 50 英里，那么边上的路以每小时 50 英里的速度经过你。而站在路边的人看到你也在以每小时 50 英里的速度移动。

如果我和你是一个方向……

……那你看起来就比每小时 50 英里要慢些，

从天上每小时 350 英里运动的飞机上看下来，你慢得像只蜗牛。

爱因斯坦相对论

1905 年，我们对世界的理解变了。年轻的**阿尔伯特·爱因斯坦**（1879—1955）迎来了他的“奇迹之年”：他在一家专利局工作的同时发表了三篇论文，每一篇在物理学上都是革命性的。其中一篇是他最著名的理论：**狭义相对论**。在接下去的几页中，我们将简要解释狭义相对论对于时间的意义。之后，当我们讨论时间旅行时，我们会研究爱因斯坦写于 1917 年的杰作——**广义相对论。**

1905 年，爱因斯坦假设——且已被实验证明——在任何不加速的参照系里，光速都是一样的。

这就奇怪了。如果我们都在火车上，我向你扔一个球，相对于我们的参照系，球的速度是每小时 20 英里。但如果你站在轨道边等着火车过去，而火车的速度是每小时 100 英里，那么当我同样向你扔一个球，这个球的速度是每小时 80 英里。这个速度，你要接到球，还挺有难度！

但如果我通过点灯来把光“扔”向你，就不会发生上面这种基本效果。

无论灯静止或是在以每小时 10000 英里的速度远离我，光都以相同的速度照到我

同时性是相对于观察者的

基于伽利略的观察，即同一物理定律在无加速参照系里都适用，再大胆假设光速保持不变，时间就变得奇怪起来。

再次考虑一列火车。假设我在一节车厢里的中央，手里拿着灯。我点亮灯。从同一车厢里的人看来，光应该同时到达前后两个出口。也就是说，事件 A= 光到达前门，事件 B= 光到达后门，两者是“同时的”。

在车边行人看来，事件 B 发生“早于”事件 A。对于乘客来说同时的事情，对于边上的人来说却不是同时的。

信仰牛顿力学的人当然不会提出这样激进的观点。他们会说，光以不同速度在动，这取决于你的参照系。

由爱因斯坦的假设（伽利略相对性和光速恒定），得出了“同时性取决于谁在观察”这一意义深远的结论。它蕴含了空间和时间的重要本质。

此前在解释牛顿的时间理论和区块宇宙时，我们默默假设同时性与特定观察者无关，存在着一个全球统一的独一无二的时间。如果你我都打个响指，要么同时、要么不同时——和谁在不在运动无关。

我们通常认为的时间不存在了。就像爱因斯坦的老师**赫尔曼·闵可夫斯基**（1864—1909）说的，甚至连时间也不复存在……

“由此，空间本身、时间本身注定会淡化成影子，只有两者的某种联合才能继续作为一个独立的真实存在。”

时空事件

存在着一个单一实体，即“时空”（space time），它不是空间也不是时间。观察者可用不同方式，将时空切割成时间和空间。我们想象有两架航空飞机正互相接近。

光锥

光没有质量，它的速度比什么都要块，实际上它在任何参照系中速度几乎一样。因此，我们拿它来理解相对论的时空结构。跟随光，我们能想象出一幅时空的图。为了更好地理解狭义相对论和广义相对论，我们需要理解**光锥**。

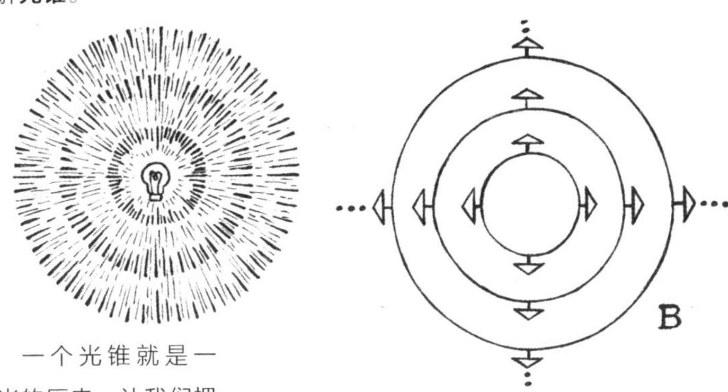

一个光锥就是一束光的历史。让我们把它画下来。点亮一个灯泡，我们把在这个空间位置和这个时间点的事件称为事件 P。光会从这里向各个方向散开。俯视看去，在两维空间中画出来就是图 B。如果我们在这幅图上加上时间，看上去就是一个圆锥。还有一个空间维度没有表现出来，这些圆其实是球。

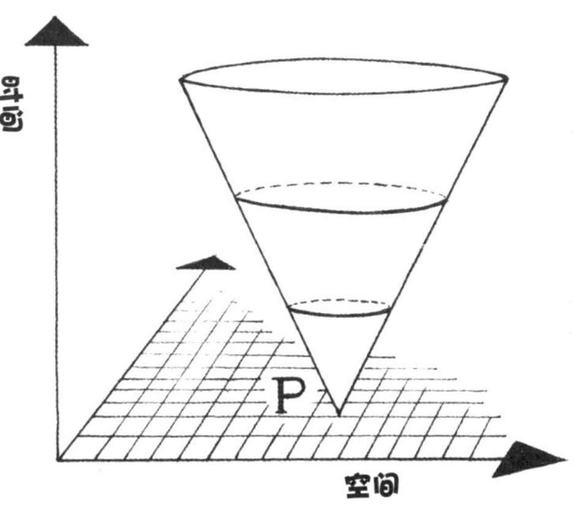

这里 P 是你点亮灯泡的时刻。当光渐行渐远，这些圆就在图中变大。光线的路径形成一个锥形，光锥这个词就是这么来的。这里的这个锥被称为“未来光锥”。

点亮灯泡是个事件，在示意图里用一个点表示，我们还能画出它的“过去光锥”。

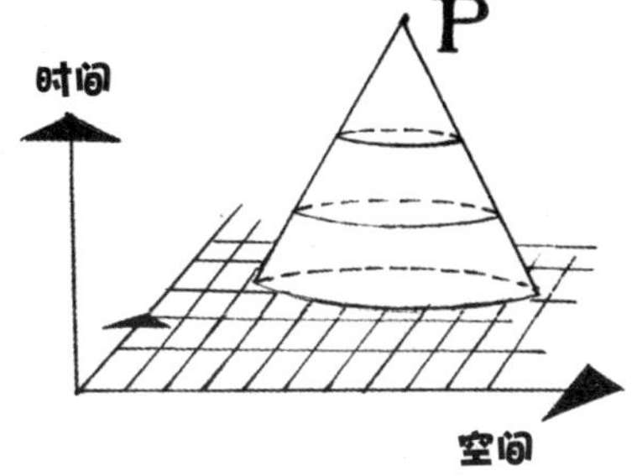

过去光锥代表了宇宙中所有来到这个时空点 P 的光线。光速很快，但速度仍是有限的。一个灯泡的光并不能触及所有事件。在 Q 点点亮的光没法到达 P 点。在这些图中，光线总是以 45 度角离开时空中的点。

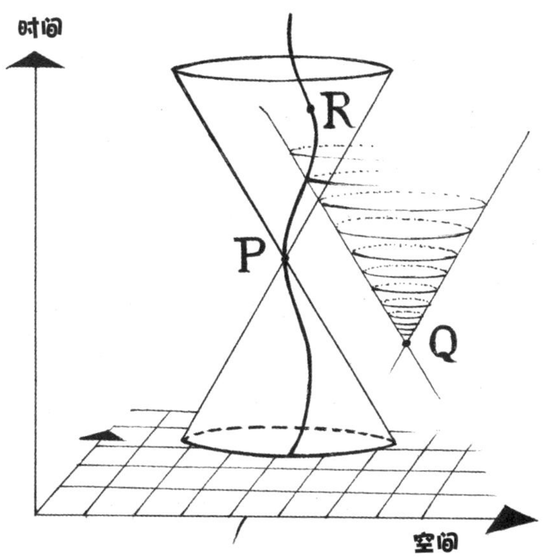

因此，在 P 的观察者看不到灯泡在 Q 处点亮，但如果她等一会儿，到了 R，她就可以看到了。其实我们对此很熟悉。仰望夜空时，你眼睛接收到的光是远处星星经历了几百万年旅行过来的。就在前一天晚上，你还看不到这些光，它们在你的过去光锥之外，但今天它在光锥里了。

时间和观察者因素

一个重要事实：光锥体现了事件能够互相影响的边界。没有什么比光更快，所以只有在光锥上（如果是光）或者光锥里（如果比光慢），才可能影响到你。你想去任何地方或去施加影响，也遵循一样的道理。

我们画了一幅时间的图景，但这只是为了简便。时间的前行一定程度上取决于观察者。在一个特定观察者的光锥里，事件发生的顺序是确定的。而对于相对第一个观察者在移动的另一个观察者，他对于哪些事和事件 P 是同时的，会有不同的意见。

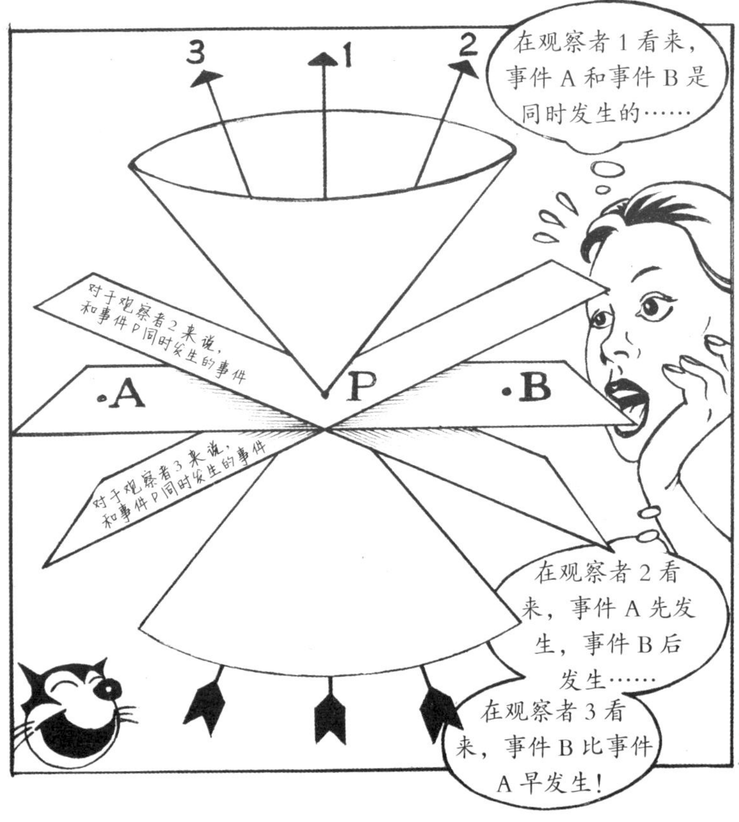

如果未来三个观察者相遇，他们或许会争论事件的正确顺序。他们每个人都会觉得“当然是其他人搞混了”。A 在 B 之前、之后还是同时发生，真的存在一个事实吗？如果爱因斯坦没错的话，那么答案令人惊讶：“不存在，他们三人都对。”

相对论的宇宙中，时间不唯一。事实上，存在多重时间，每个惯性参照系都有一个时间，而且每一个都同等合理。当然对你来说，还有一个“原时”。以这个原时测量在你独有的时空路径上过去了多少时间。原时取决于你的旅行，它和其他旅行者的可能会很不一样。

此前我们曾讨论，一对父子对于事件发生的顺序基本达成了一致。相对论告诉我们，不存在对所有人所有事件所有时间来说都正确的“绝对”顺序（虽然对于每个在时空各点上的人，存在客观的“相对”顺序）。

一些人在飞机上，而另一些人守在桌边，他们有慢有快。但从相对论的角度看，我们彼此之间的相对运动速度非常缓慢。要达成对事件顺序的严重分歧，你得比另一个人快或慢得“多得多”。

相对论和时态

在讨论时间旅行前，让我们停下来看看几位哲学家的论证，他们说，狭义相对论反驳了常识里的时态时间理论。这个观点很简单，一般人们会联想到美国哲学家**希拉里·普特南**（1926—2016）。时态理论认为，现在把不真实的未来变真实，从开放变为固定。在牛顿力学看来，每个人对“什么事件在现在”的意见是统一的。

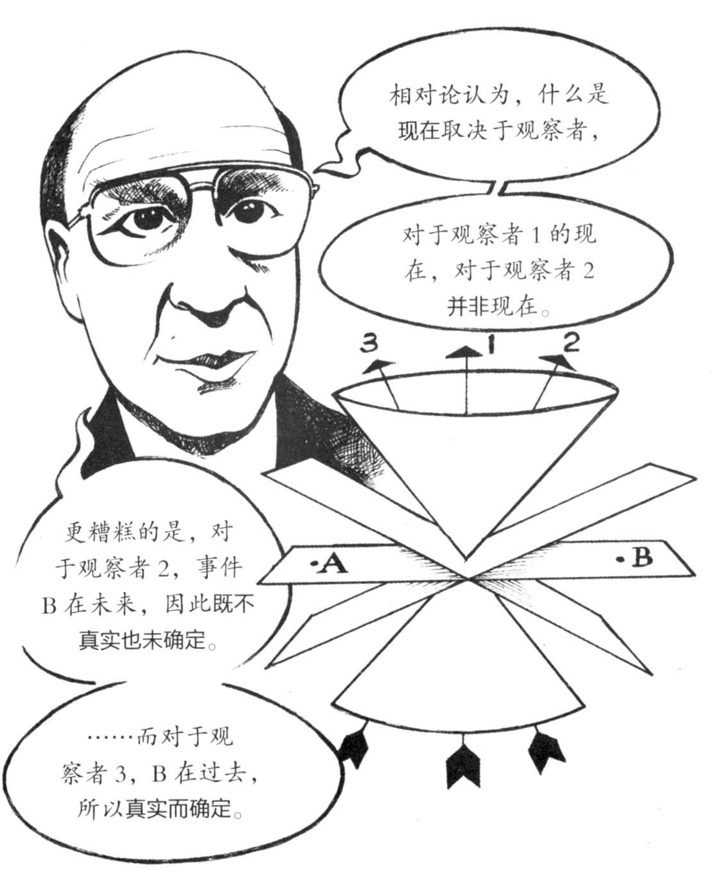

那么，到底哪一个对呢？事件要么真实要么不真实。如果说，一个事件是否存在取决于你移动得有多快，这显然挺荒唐的。但如果要在时态时间理论中融入狭义相对论的时间，我们还就必须这么说。

由此看来，即使时态理论没有被哲学反对者干掉，狭义相对论也不会放过它。然而，还是有时态时间理论的捍卫者相信这种冲突可以化解。还有些人，他们偏好荷兰物理学家、1902 年诺贝尔奖获得者 **H. A. 洛伦兹**（1853—1928）对相对论的另一种诠释。

在洛伦兹看来，即使无法通过实验观察，“真实”的静止态还是存在的。是的，我们无法通过实验来辨别什么是将时空切割为空间和时间的正确方式（这点让爱因斯坦的理论成为可能），但这不意味着把世界切割为时间与空间的正确方式不存在。

所以洛伦兹的理论对于时间的影响，并不如狭义相对论来得深远。

无论如何，时态理论的捍卫者有得忙了。他们不仅要答复麦克塔加和威廉姆斯，还需要和爱因斯坦争论。

时间旅行是否符合逻辑?

在我们理解了无时态时间理论和狭义相对论之后，现在我们可以来处理时间旅行的问题了。从无时态的时间概念，很自然会联想到时间旅行，因为既然时间就像空间一样，而我们能访问其他地方，为什么不能去访问其他时间呢？就像我们计划在希腊某个岛上度假，我们为什么不能在古希腊度假呢？毕竟，这样一来，我们可以不用担心沙滩太过拥挤。

难怪，《时间机器》开篇就是一段时光旅行者和其他人讨论无时态时间理论的对话。这是有关时间旅行最有名的故事，作者是 H. G. 威尔斯。虽然 1895 年出版的时候，这本书没有被认作无时态理论的例子，但威尔斯脑子里肯定是有无时态理论的。他说，时间就是第四维，他把时间机器比作是一个热气球。

威尔斯虚拟出来的时间机器，就像是热气球，帮我们克服自由运动的最后障碍。我们可以任意移动到过去和未来。

和许多人的断言相反，时间旅行在“逻辑上”是可能的。也就是说，时间旅行这个概念并不存在逻辑矛盾。逻辑矛盾描述的是不可能存在的场景。例如，“这个高个子男人并不高”“我去且没去那家商店”，这样的表述就有逻辑矛盾。很多考虑时间旅行的人下结论说时间旅行行不通，但我们要来证明它完全是逻辑自洽的。当然，这并不能证明时光旅行在“物理上”是可能的。

为什么有的人会觉得时间旅行逻辑上行不通呢？有几个理由。他们都在担心如果时间旅行真的发生了，会导致多么古怪的事情发生，一开始还容易控制，然后会发展出真正的奇异事件。

不可能的逻辑

如果我有能力把东西送回过去，我会传输一封信给你，为了询问你的电话号码。这样的话，在我寄信前，你就收到了信。

你可以在我写信前，发给我你的电话号码。

如果是这样，我就不必写信了，因为我已经有你的电话号码了。

但我如果没有写信并且传输给你，我就不可能有电话号码……如此这般。

毫无疑问这很奇怪，但这远非逻辑矛盾。我们现在关心的是逻辑矛盾。

可能是因为他们不记得收到了带电话号码的信，或许出于其他理由他们只是想要写一封信。人是奇怪的，但这威胁不到逻辑。

谁都没写过的一本书

让我们来仔细看一个矛盾。2000 年，我在伦敦查理十字街的一家书店买了查尔斯·狄更斯的《双城记》。我用时间机器把这本书递送到 1855 年狄更斯的门前，据我们所知，这比他写这本书要早若干年。

他做了复制，从 1859 年开始以连载的方式出版。

很多人读到了狄更斯的故事，这个故事变得很有名。后来他死了，出版商将故事集结成书，销售了很多年——直到在 2000 年卖给了我。

奇怪了：在这本书上，狄更斯倒是挺轻松的，他根本用不着写。但如果他没有写，那故事是谁写的呢？没有人！是的，这个世界的每一本书的每个故事都需要由机器或者手来写。但如果有了时间旅行，世界在如此这般运行，那么谁都没有创作过《双城记》里的信息和观点。

因果循环

《双城记》这条故事线就这么在哲学家所谓的“因果循环”中无限循环。想一想，这个循环上有三个事件：A. 狄更斯复制了手稿；B. 狄更斯向公众朗读手稿；C. 出版商在 1999 年将卖给我的那册装订成书。这个场景中的每个阶段都部分引起了下一个阶段。A 是 B 的部分原因，B 是 C 的部分原因。

这里没有逻辑矛盾。没有什么既发生又没发生。这个四维环的存在，即便显得古怪但在概念上自洽。可能这样的事情不会发生在我们这个世界，也有可能这种循环违背了自然定律。但它并不违背逻辑定律。

如果你碰巧看过好莱坞电影《终结者》，你可能还没有意识到，这里有一个看起来前后一致的因果循环。电影里，邪恶的计算机和机器人占领了世界，并把人类当作奴隶。

如果它们不曾把终结者送回去，它们就根本不会存在！但在故事里，它们已经在那儿了，所以终结者应该已经回去了，所以它们存在了。又一次，正如从来没有谁创作过《双城记》的故事，也从来没有谁发明过罪恶机器人社会的技术信息。

时间旅行的逻辑矛盾

好吧，这里有一个时间旅行带来的结果，的确会违反逻辑定律。假设出于某种原因，你恨自己的生活，想要杀了自己。但作为一个爱整洁的人，你希望清除你的整个存在，而不仅仅是从现在开始。你想要清除你悲惨生活的每一丝痕迹。由此，你开始考虑一个计划。

我做完了……

所以你同时既存在
又不存在！

这个宇宙的一种“历史”中，1985 年你作为一个 8 岁小孩存在。另一种“历史”中，你还是婴儿的时候就被杀了，所以 1985 年不存在一个 8 岁的你。但世界只有一个，历史也只有一种啊。

所以，如果没有另外的“平行”宇宙或者历史，时间旅行就会带来逻辑上的矛盾。

逻辑矛盾不会发生

剑桥物理学家**史蒂芬·霍金**（1942—2018）担心这种矛盾的可能会产生。他希望能证明，这个世界对历史学家来说是确定的（之后会详细展开）。然而，如果霍金留意到美国哲学家**大卫·刘易斯**（1941—2002）的论文，他可能就不会这么担心时间旅行带来的逻辑矛盾了。

有两点令时间旅行看起来是可能的。第一，逻辑矛盾的确不会产生，没有什么会“允许”矛盾发生。哲学家罗伯特·魏因加德是这样表述的：

一般来说，如果你回到过去，由于你往回的旅行已经发生（相对于你出发的时间），你不会在旅途中创造一个矛盾。

因此“存在着”一些时间旅行的场景，前后能保持完全一致。

个体时间

顺着刘易斯的思路，我们来谈一谈一个人的“个体时间”。个体时间是我们从一个人的物理和精神过程中定义的排序参数。想象一个人戴着腕表用来测量时间。

显然我们不是时间旅行者，因为我们的个体时间和真实的外界时间是一致的。但逻辑上来说，没有什么能阻止一个人的个体时间和外界时间排序不一致。让我们来想象这样一个例子。

死在你出生之前

举例来说，假设你生于 1980 年，并且在 2010 年访问了伦敦。你在伦敦要去打个电话，却意外踏入了神秘博士的电话亭时间机器（塔迪斯）。你瞎摁了那几个按钮，愚蠢地将自己送回了百万年前的侏罗纪时期。当你踏出时间机器后，你感到惊恐并到处躲藏，在最终被巨型三角龙刺穿前苟活了 5 年。

可悲的是，你在出生之前就已经死了。

也就是说，在外界的“真实”时间中，你在出生前的几百万年前就已经死了，但在你个体时间中，你 35 岁才死。

这个侏罗纪场景中，不存在逻辑矛盾。可能某种意义上，你在出生前就死了，但另一种意义上，你死于出生后。

逻辑和无时态理论都没说你不能死得比出生早，就像没说你生于南半球就不能死于北半球。

侏罗纪故事中需要记住的重点是，如果这一切发生了，在我们看来，你是在过去，而未来要与之兼容。这个世界只“运行”一次。

如果我掉进了沙
坑，变成了化石，
……那
么，我变为化石的残躯，
在我踏入时间机器前就存
在了……
……而
如果我携带的病毒事实上
成为恐龙灭绝的主要原因，那
么这一直都是恐龙灭绝的
原因。

我们能改变过去吗？

这引发了人们关于时间旅行最喜欢问的问题：如果回到过去，我们能改变过去吗？要回答这个问题，取决于你的“改变过去”指的是什么。如果你认为“改变”是指把存在的事情变为不存在，那么你不能改变过去。一件事情不可能既存在又不存在。从这个意义上说，根据无时态理论，我们不仅不能改变过去，而且我们也不能改变现在和将来。自相矛盾是不对的！

所以，如果第二次世界大战这一事件存在，那么即使我们回到时间的过去，我们也无法阻止它发生。

我们能影响过去吗？

如果你现在贫穷，无论在过去做什么，这一点都无法改变。但这不意味着，我们不能在“更通常意义上”影响过去。如果我们回到过去时间的一点，我们可以影响那个时间点之后的过去，就像现在我们能影响未来。但如果我们真的到了比现在早一点的时间点，那么它“已经发生了”。所以也不能改变我们知道的现在。

两种时间旅行的故事

时间旅行的故事有两种，一种前后一致，另一种前后不一致。前后一致的故事里，事件不会“消失”，而在前后不一致的故事里，事件会“消失”。在很多故事里，比如美国电视剧《量子跃迁》和《星际迷航》中的几季，整个故事就是关于改变“已经发生的”事情。从无时态理论来看，这也没什么不妥，只要这些事件没发生实际变化。但这些剧中，总会出现两种可能的未来——其中一种的事情变得糟糕，另一种的事情变得顺利。

作为对比，有一个儿童故事讲的是一个时间旅行者回到史前，在告诉洞穴人类一些信息后又回到现在。

与此同时，现在的洞穴壁画出现了一个人的画像，看起来很像时间旅行者，他正在教石器时代的人类各种东西。

这里体现了前后一致：旅行者回到过去，改变过去，并且未来能对应得上。总是如此。

还有很多前后一致的时间旅行故事，其中不乏诡异。罗伯特·海茵兰因的《你们这些僵尸》（1959 年）可能是前后一致的故事里最奇异的。在故事中，一个孤儿女孩接受变性手术并回到过去，成了她自己的父亲和母亲。

建立时间旅行的逻辑自洽是一回事，但要说这些可以真实发生就另当别论了。毕竟，让猪飞行在逻辑上也是可能的。所以我们要进入另一个问题，即时间旅行在物理上是可能的吗？物理定律允许人顺着时间往回吗？

物理学允许时间旅行吗？

首先要说，多亏有了狭义相对论，我们可以进行一种时间旅行了。但这种旅行不那么令人兴奋。这种旅行利用的是相对的“时间膨胀”。你可能听过著名的“孪生子悖论”，也就是双胞胎中一个坐火箭离开地球然后返回，对于她来说似乎只过去了 5 年。

如果更快些，那么她离开后再回到地球时，会发现地球上过去了几百年。从这种意义上来说，她确实是做了一次时间旅行。

运动的时钟走得慢

接下来我们看“时间膨胀”的工作原理。打一个响指，称为事件 A；现在再打一个响指，称为事件 B。你可以用腕表计量两个响指之间的时间间隔，记为 T。由你推着动的人（相对你来说既没有加速也没有减速）根据他们自己的腕表，记录事件 A 和事件 B 之间的时间间隔为 T*。

如果你推着动的人相对于你的运动很慢，那么 γ 接近于 1，T 和 T* 几乎一样。所以在你们看来，A 和 B 之间的时间间隔相等，比如都是 5 秒。

但如果这个人相对于你的运动是非常非常快的，甚至已经接近光速，那么 γ 就接近于 0，T 和 T* 就会很不一样。

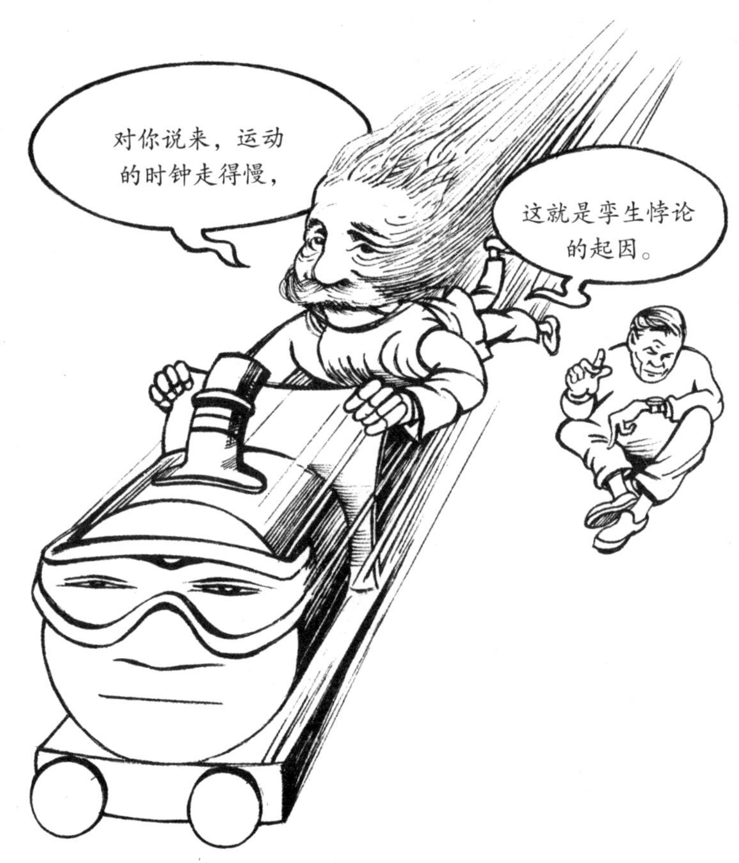

比起留在地球上的双胞胎姐妹，在火箭里的那位的钟走得慢些。这就是为什么，火箭里这位一圈旅行下来只长了 5 岁，而地球上的那位却老了 30 岁。

节约了一点儿时间

很多实验都观察到了时间膨胀现象。其中让人印象最深的，是对比两台原子钟，一台在喷气式飞机里，一台在地面上。

约瑟夫·海夫勒和**理查德·基廷** 1972 年做的实验呈现了这一现象。

他们发现，喷气式飞机向东飞时，飞机里的钟表慢了大约 59 纳秒……

……而向西飞时，钟表快了 273 纳秒。两者之间的差别源于地球的自转。

这种类型的“时间旅行”有点无聊，因为你花钱在这上面的回报不明显。即使你有用不完的钱，能在超音速飞机上向东飞 25 年，降落时相对地面最多也就只能赚到几秒的时间。

比起飞机，宇宙飞船可以帮你多赚点儿时间，但多这几秒也无关痛痒。而且，这种时间旅行并不是大家梦寐以求的。

对时间进程的个体感受并没有发生变化。总之，这种时间旅行是单向的，你回不到过去。这或许让人失望，因为你无法回去宣告你的英雄行为。

广义相对论和四维曲度

广义相对论发现于1917年，它是爱因斯坦最伟大的成就。广义相对论的确让更奇妙的时间旅行成为可能。所幸，要对这种可能性理解个大概，我们不必弄懂广义相对论的全部内容，而只需思考广义相对论在概念上取得的主要突破，即四维时空可以弯曲。

我们很熟悉日常生活中的弯曲。一维的线可以弯曲，比如像这样……

或者，一个二维的面可以弯曲成一个球……

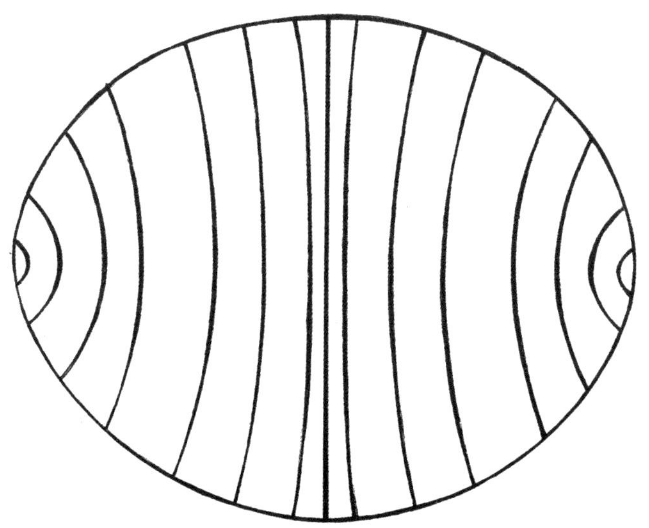

所有这些例子，我们都可以看作是这些物体朝更高的一个维度弯曲。例如，一维线的弯曲就是一个二维的面（一页纸）。

这是否意味着，弯曲一个四维物体就一定会进入第五维？不一定。完全可以把曲度看作是一个物体的自身性质，并不需要更高维的空间。

你知道，无论是什么样的三角形，平面上一个三角形的三个角加起来是 180 度。所以，你知道自己是在一个平面上。

为什么我们不需要第五维

但如果你在一个曲面上（比如在一个篮球的表面上）画一个三角形，那么它的三个角加起来会大于 180 度。比如，我们把北极作为一个顶点，然后画一条线到赤道；再把篮球转 90 度，画另一条到赤道的线。现在沿着赤道画一条线，连接起刚才的两条线。

重点是，作为一个二维的物体，你不需要更高维就可以做这个实验。同样，我们不需要第五维来理解四维时空的弯曲。

时空弯曲

已有证据显示，我们这个宇宙是弯曲的。这种弯曲解释了引力。比如说，光线是走直线的，但是观察显示，它们在太阳的附近会略微偏移。广义相对论解释了这一现象，粗略地说，是因为太阳扭曲（弯曲）了时空，造成光线向它“陷落”……

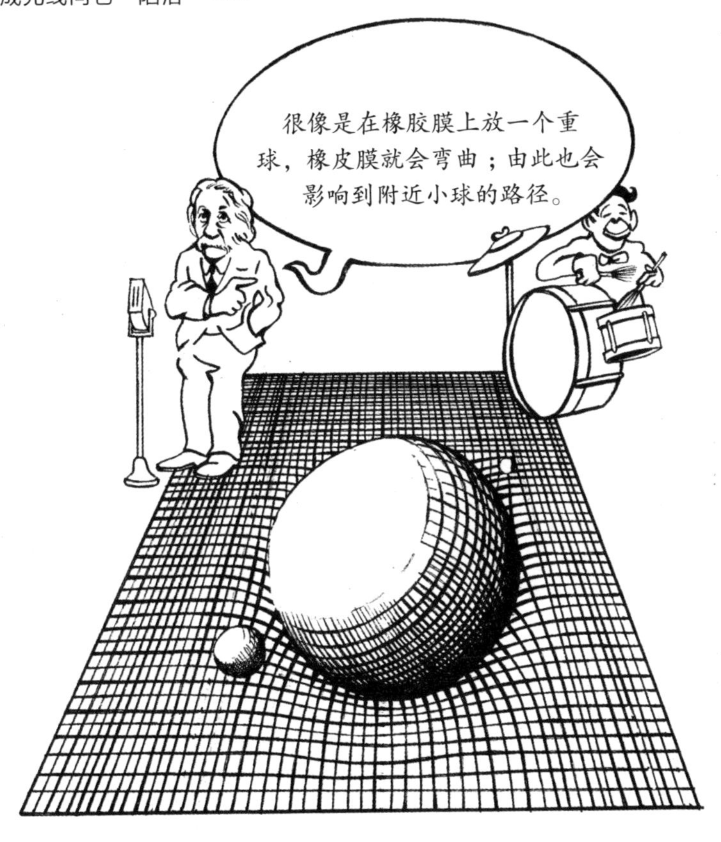

然而从局部看（在很小的区域内），时空看起来是平的，所以狭义相对论与此是很近似的。

广义相对论和时间旅行

回头来看时间旅行。当说到广义相对论允许宇宙产生非常大的弯曲，我们岔开话题谈论了弯曲。而一些弯曲度非常大的宇宙会让时间旅行成为可能。所以，如果广义相对论能告诉我们哪些定律是物理学允许的，那么，这些物理定律将允许时间旅行的发生。我们稍后将回到这一点，让我们先来看看这是怎么回事。

想想我们一直在讨论的空间，是一个平的二维时空。为了能把它视觉化，想象一个世界里有一维的时间和一维的空间，先抛开其他两维空间不管。将它想成一张纸。

这是个非常合理的时空模型。纸的本身并不弯曲，不需要去拉伸或压缩，三角形内角和依然是 180 度。但是，像往常一样朝着未来时间的方向旅行，却最终会回到你的过去。

我们之前讨论过，类似的封闭因果循环（在第 72 和 73 页上）是可能的。广义相对论允许这种时空存在。在“圆柱时空”上的时间旅行，并不是我们通常意义上的时间旅行。你不会真的回到过去的时间。

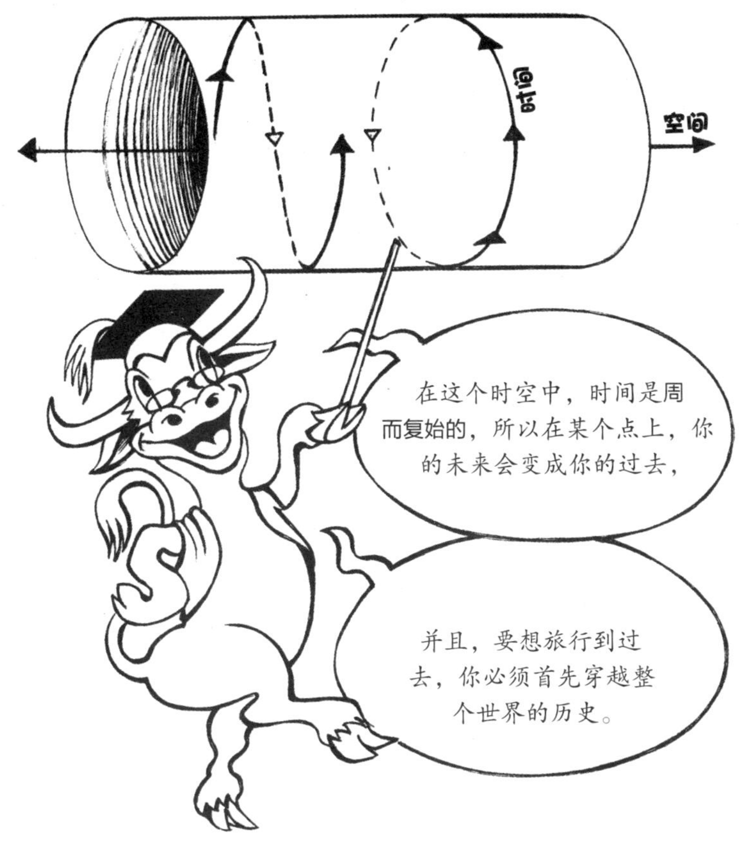

这和你平常想要的时间旅行不一样。

哥德尔的旋转宇宙

只要时空能弯曲，就会在奇特的时空中做更有趣的时间旅行。最奇特的时空无疑是 1949 年**库尔特·哥德尔**（1906—1978）发现的。哥德尔很有名，他是一位伟大的逻辑学家，他提出了 20 世纪数理逻辑上最为深远的结论——“不完备定理”。

这毫无疑问是项壮举。不过对于 20 世纪最伟大的逻辑学家来说，解这些方程可能就像普通人玩一项填字游戏。

广义相对论方程的每个解，各描述广义相对论定律允许的一个时空。这也是自然界定律允许的时空。哥德尔得出的解非常奇异。我们知道，我们这个宇宙的每个点都在朝各个方向膨胀。不存在中心。

我们这个宇宙的膨胀没有中心，哥德尔宇宙的旋转也没有中心。无论从哪一个观察者的角度看，宇宙中所有物质都在旋转。

旋转宇宙中的时空

而旋转带来一项有趣的效应。如果你把划艇的桨放到水下旋转，旋转的桨会带动周围的水绕着它形成旋涡。

这个效应通常很小，所以我们可以忽略书桌上陀螺的旋转。但如果整个宇宙的物质都在围绕着你旋转，那么这种牵引效应就很壮观了。

这种“牵引”可以扭曲时空，甚至一些事件的未来也会被“倾翻”。我来解释一下。此前，当我们讨论狭义相对论时，我们知道每一个事件都有一个未来光锥和一个过去光锥。

我们此前假设过，所有事件的光锥是对齐的。

时空弯曲的作用

而时空弯曲能让一个光锥相对于其他光锥倾斜。想象有个人在橡胶膜的时空模型里旅行，橡胶膜上有一堆字母 X，这些 X 相互都是对齐的。一个 X 代表了那个点的光锥，而 X 线即“光线”都倾斜 45 度角……

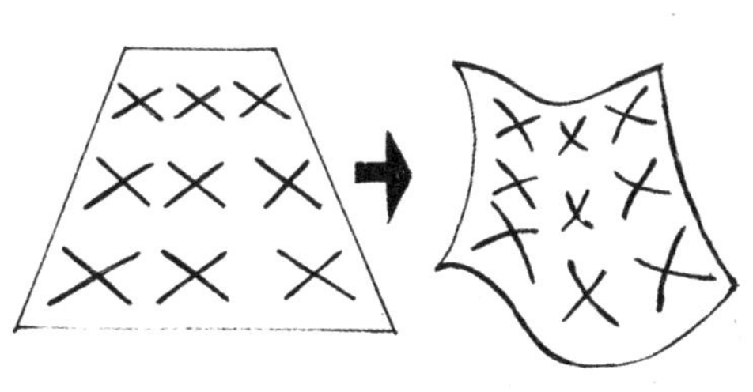

现在，在橡胶膜上放上一个很重的球，球把膜压弯了。于是字母 X 相互倾斜，延展了旅行者可以到达的极限。X 如果倾斜到一定程度，甚至会彻底倾翻。即使只在 X 的上半部分旅行，如果排列得恰好，也可以在橡胶膜上画出一条回到起点的线。

我们的小实验表明，时空可以弯曲到一定程度，让未来光锥倾斜到过去。旅行者可以利用这种倾斜，只需在局部的未来旅行，就能到达她的过去。

在某些点上，光锥整个倾倒了。你可以到光锥倾倒的远处，用这种方法“降落”到你的过去，然后回到你旅行出发前的时空点！

托布 -NUT- 米斯纳时空

托布 -NUT- 米斯纳时空也是广义相对论方程的一个解，也允许时空旅行。这个解也是在一个圆柱的时空里，就像纸卷起来的时空一样，但它却是利用了内生的曲度，并非切割或黏合，而且它是“站立”的，并非“平躺”的。如果你在托布 -NUT- 米斯纳时空中向“上”旅行，光锥会翻倒。

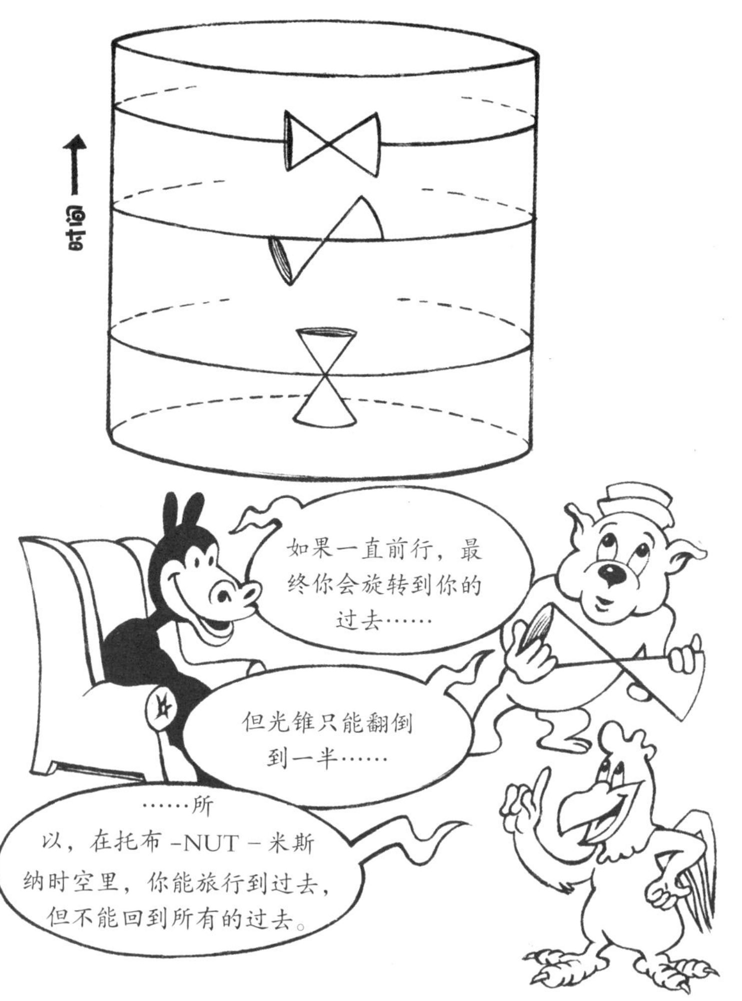

哥德尔完整的时空旅行

哥德尔时空令人着迷的地方在于，时空中“每一个点”都有能让你时间旅行回去的可行路径。所有事件之间都是可到达的。哥德尔在 1949 年这样表述：

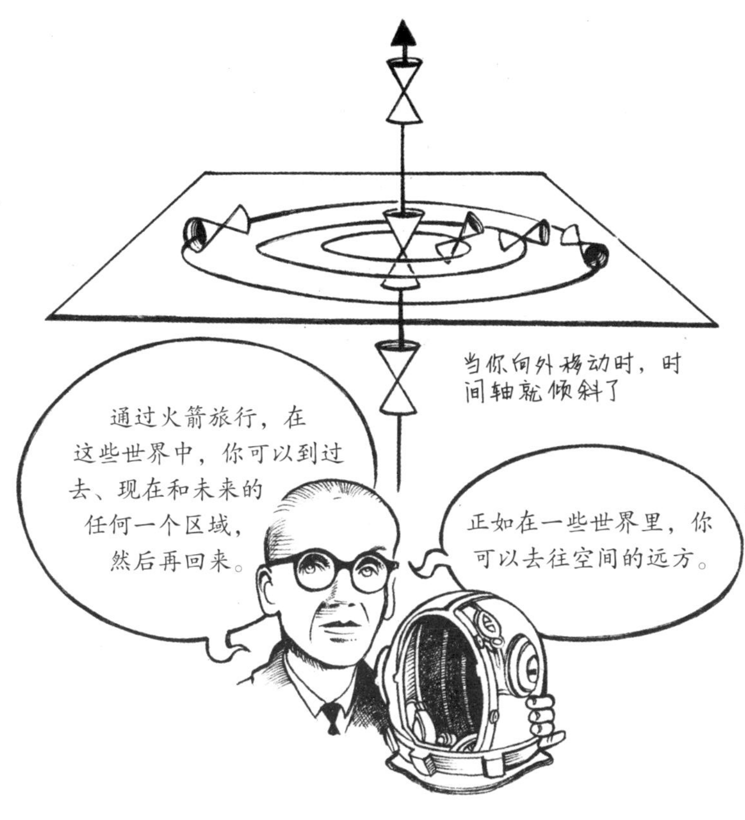

此外，你不需要为了时间旅行而穿越整个世界历史。你只需要一个小“偏离”作为开始，然后就可以去任何地方（要去的过去和未来越远，需要的偏离就越大）。

哥德尔的时间旅行可行吗?

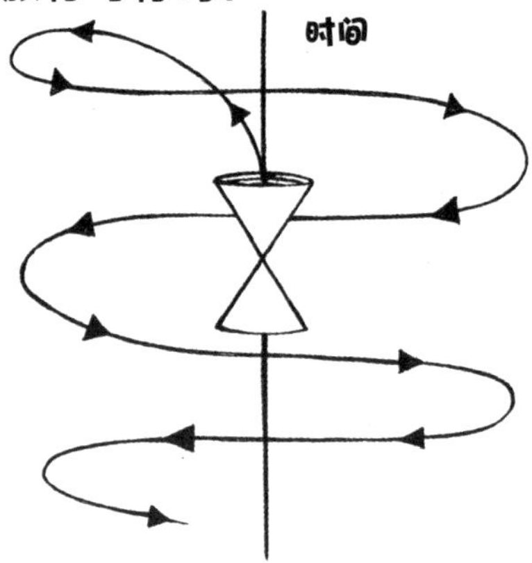

当然了,在哥德尔的宇宙里做时间旅行需要不少费用。哲学家**大卫·麦拉蒙**(1947—)计算发现,要满足在哥德尔宇宙里到达过去的能量需求,实际在技术上几乎无法实现。所以,即使我们的世界是个哥德尔式的世界——似乎不太像,因为哥德尔的世界不像我们的世界那样膨胀,而我们的世界也不像哥德尔世界那样旋转——时间旅行也会受限于一些实际因素。

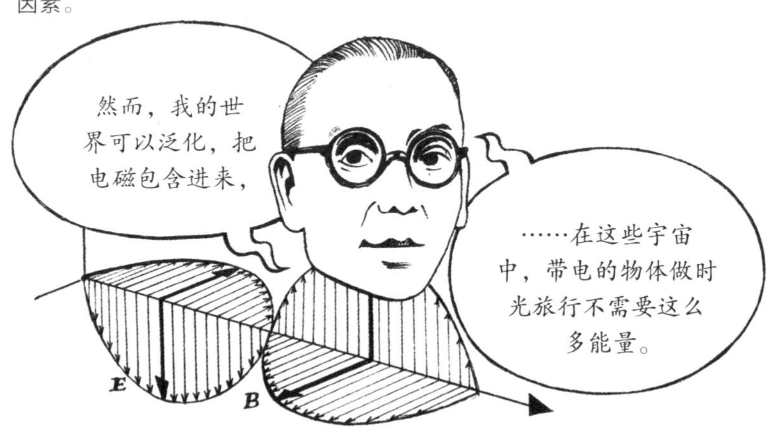

而这里的主要观点是,物理定律"确实允许"哥德尔结构的存在,虽然"实际上"它并不存在。

哥德尔反对时态

哥德尔认为，他发现的时空带给我们关于时间本质的重要信息，那就是，时间并不存在！我来解释一下。哥德尔和麦克塔加一样，脑子里考虑的是时间的时态理论。我们回忆一下，时态理论中，并非相对于其他时间的现在是动态的，将不真实的未来变成真实。此前我们看到，狭义相对论给这个时间理论带来了麻烦，例如普特南等人说，同时性具有相对性，证明了这种时间观念是错的。如果狭义相对论就带来了这么多麻烦，那么哥德尔时空又将带来多少麻烦呢？

因此，时间旅行和时态时间理论不相容。

时态理论的另一个问题

其次，可能更糟糕的是，哥德尔时空没有办法将时空分割成一系列不同的时刻。在哥德尔的时空中，没法用“一开始”“到最后”来推进故事。狭义相对论的麻烦是方法太多了，而哥德尔时空的麻烦在于连一种方法都没有。

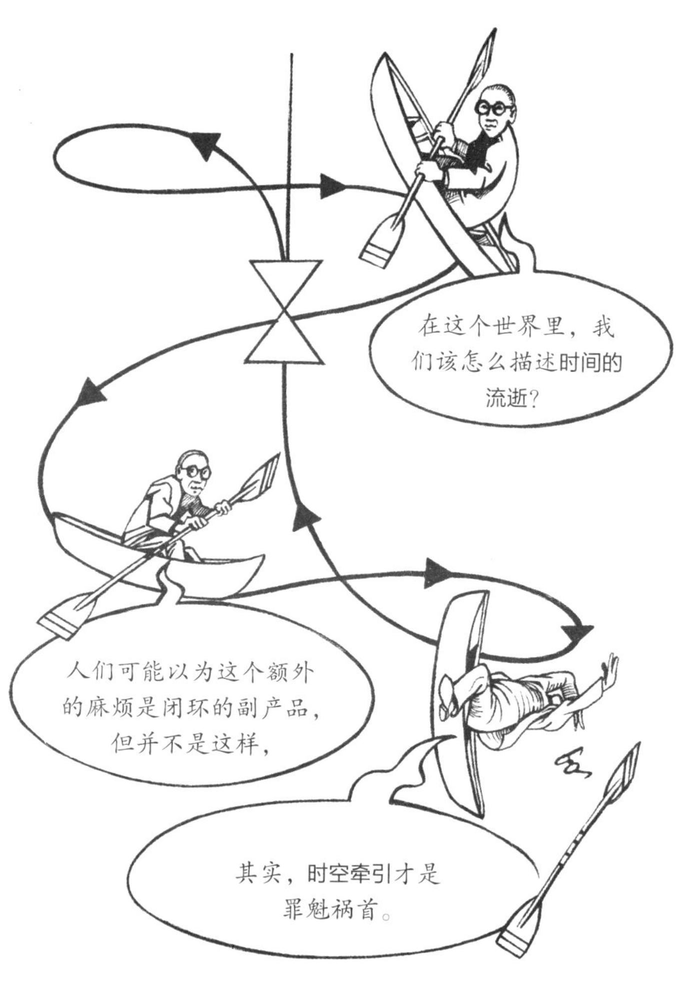

正如圆柱时空所展示的，时间旅行本身不影响在相继时刻做时空分割。时间旅行环可以经过圆柱的时空中的所有点，就像在哥德尔时空中一样。但圆柱时空可以被非常整齐地在相继时刻分割为不同空间……

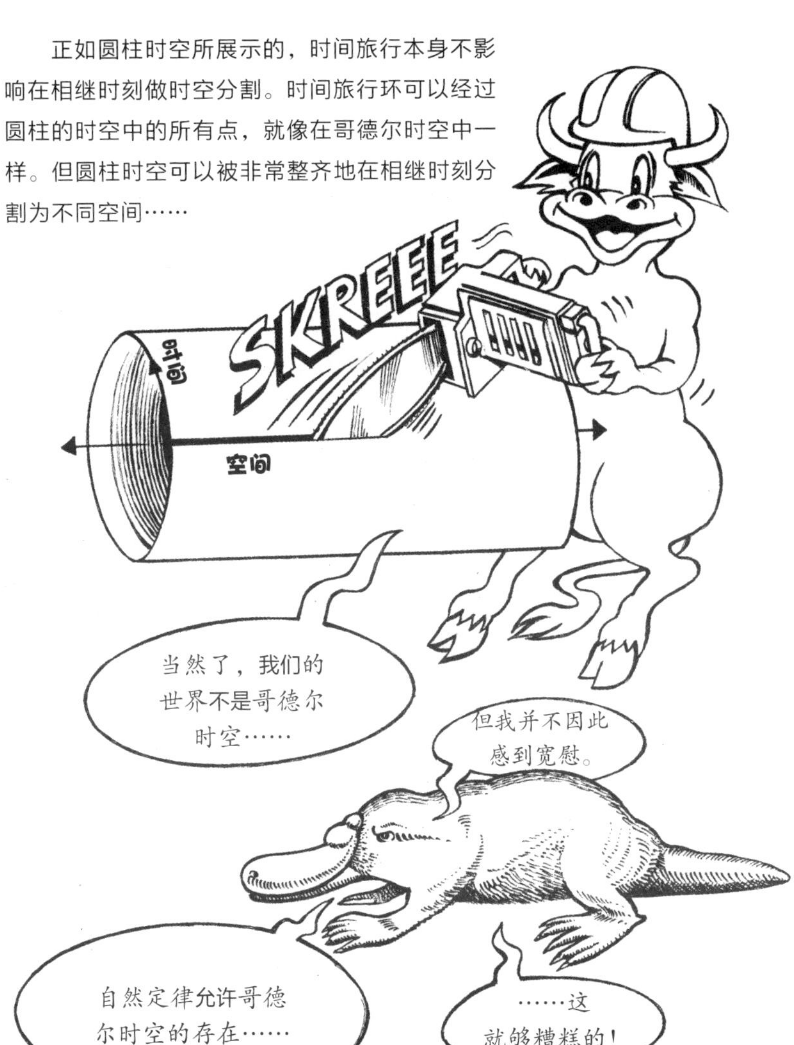

这意味着，如果物质和能量在一开始的分布就有少许不同，我们的世界也可以是一个哥德尔时空。但这种“少许”不同，会造成存在和不存在（时态）时间的大不同。这怎么会呢？哥德尔说，当然不会，所以我们的世界里不存在时间。

哥德尔错了吗?

正如我们把麦克塔加的论证视作对时态时间理论的攻击，而不是对“普遍意义上的时间”的抨击，同样，有人会质疑哥德尔的推理。他们问，为什么时间的存在和本质不能取决于物质和能量的分布？很多重要的事情都取决于此……

但我认为哥德尔的观点是，物理并未告诉我们，物质—能量要怎样分布才会引发时间的流逝，而我们确实知道，不同的物质—能量分布决定了时间和空间的有限或无限。

自 1949 年起，除了哥德尔时空，还出现了很多广义相对论中允许时间旅行的时空。

此外，物理学家思索各类方法，来实际搭建或创造到达过去的路径。

其中，**弗兰克·蒂普勒**提出的是一个尺寸有限的圆柱……

如果一个尺寸有限的圆柱可行，如果有一天我们能够操控中子星——中子星非常重而且旋转很快——那么我们或许可以试一试。而这需要满足很多难以达到的“如果”。

宇宙弦理论

J. R. 戈特另有想法。他证明了一个叫作“宇宙弦”的实体或许可能创建时间旅行所需的路径。宇宙弦是假设性的宇宙大爆炸遗留物——极其细微的纯能量丝，它能够拉伸宇宙的宽度。

时空中的虫洞

基普·索恩（1940— ）和他在加州的同事，还有俄罗斯的**伊戈尔·诺维科夫**（1935— ）孜孜不倦研究另外一个观点，即人可以从时空的“虫洞”里穿过，来做时间旅行。通过虫洞做时间旅行这个方法，出现在卡尔·萨根的科幻小说《接触》中（小说在 1997 年被改编为好莱坞电影，主演是朱迪·福斯特）。事实上，索恩团队的工作明显是受到了萨根的启发，萨根向索恩咨询物理上可行的快速通过空间的旅行办法。

主要的概念不难理解。虫洞是时空的两点之间的一条隧道，由时空组成。我们再一次想象，有一张橡胶膜，可以看到一个非常重的物体会在时空中创建了一条长的“喉管”。如果封闭喉管的一端被打开并连接到了另一个时空，我们就有了虫洞。这条隧道是两点之间旅行的捷径。

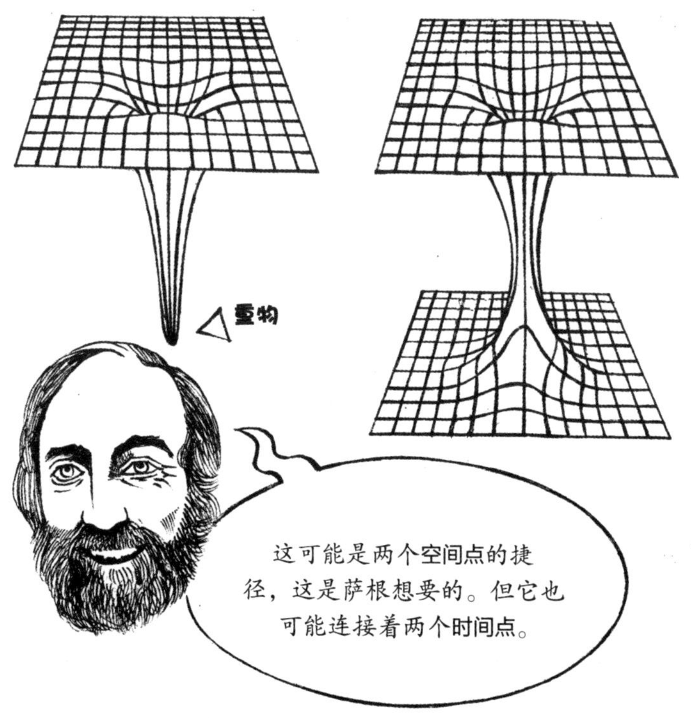

虫洞也许不允许旅行

几乎是从广义相对论刚出现起，大家就已经知道虫洞可能存在。然而，因为引力是一种“吸引的力”，所以它总会想要封上虫洞的喉管。

研究该如何打开虫洞并让它保持足够久，直到人能穿过，索恩等人就此取得了一定进展。这些人被称为“联盟”，由索恩和诺维科夫领导，他们为完善这个场景做了很多有趣的工作。

我们看到，相对论预示了很多时间旅行的方法。剑桥物理学家史蒂芬·霍金的理论驳斥了时间旅行。改变历史这种危险当然并不真实存在。霍金认为，广义相对论再加上一些对世界物质—能量分布的合理猜想，就可以证明不可能有时间旅行。

这方面有趣的理论很难，也因此很稀缺。所以至少现在看来，压力更多是在霍金和其他时间旅行反对者的身上，他们需要证明时间旅行“不可能”。而其他人似乎无须证明这是“可能的”。

时间的一些奇异可能

广义相对论的时空预示很多有趣的时间性质，时间旅行只是其中之一。让我们看看时间的另一些奇怪特征。首先是时间的“不可定向”。要理解“不可定向”，最容易的还是想象一张纸条，上面画满了小箭头——所有箭头指向同一个方向，并且墨水颜色深到从纸背也能看到箭头。

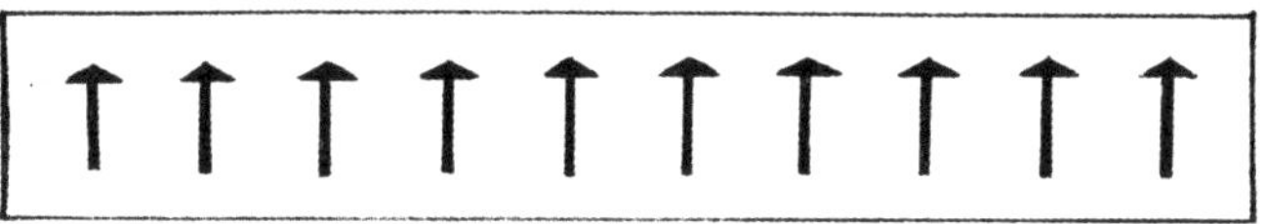

现在把纸条两端粘贴起来。

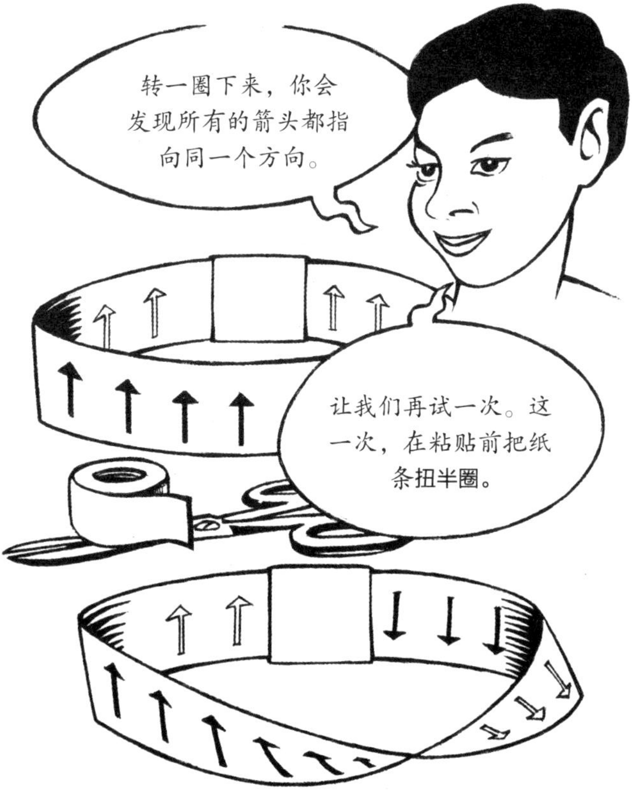

转一圈下来，你会发现所有的箭头都指向同一个方向。

让我们再试一次。这一次，在粘贴前把纸条扭半圈。

这次你注意到，如果你是一个在纸带上行走的小人，那么曾经的“上面”会到“下面”去……

而这不需要耍什么把戏。纸没有被撕开、拉伸、团起。这张纸就是一个表面，被称为莫比乌斯纽带。这个名字来自德国数学家、天文学家**奥古斯特·费迪南·莫比乌斯**（1790—1868）。莫比乌斯纽带不可定向，它把左手翻转成右手，把向上箭头翻转成向下箭头。

空间的莫比乌斯纽带

如果时空在“空间里”不可定向，那么就会有这种结果：你驾驶航空飞船从地球出发，旗子指向飞船外，飞船不需要掉头就能回到地球，只是回来后旗子指向相反方向。想象旗子就是纸带上的箭头。

时间的莫比乌斯纽带

时空也可能在“时间里”不可定向。想象莫比乌斯带上的箭头指向局部的未来（即种子长成大树，人长大、变老的方向）。然后在旅行中的某一刻，过去和未来交换了位置！莫比乌斯纽带在这里就有了时间方向。

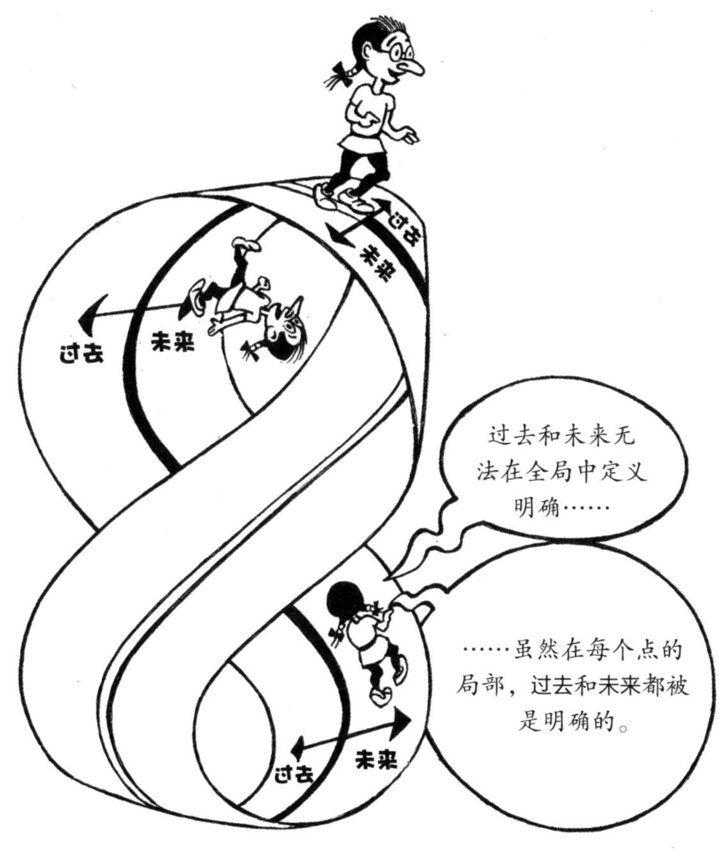

是的，很奇怪，但这是可能的。因为莫比乌斯带自身并不弯曲——纸并没有拉伸或者收缩——这种特征甚至能在平直时空中被观察到。

时间分叉

现在，让我们来看另一种观点：时间会“分叉”。这种观点认为，空间可以被分为两块或更多块，时间会跟随每个空间块……

于是，我们有了不止一条时间线（即使抛开相对论）。

空间会“到头”吗?

伟大的法国哲学家**勒内·笛卡尔**(1596—1650)认为这绝无可能。他和一些苏格拉底之前的古希腊哲学家一样，认为空间永远不会“到头”。

笛卡尔认为，既然空间没有边缘，那么它就不会是有限的。于是他依此来推断，空间是无限的。反过来说，空间的有限性就意味着空间必然是一个不可分割的整体。因为如果空间是无限的，就“没地方”留给还没连接到现有空间的另一块空间了。

没有边界的有限空间

从广义相对论考虑，笛卡尔的推论无一成立。因为时空是可以弯曲的，所以它有可能像一个球。我们因此得知，即使空间没有边界，但仍可能是有限的：一个篮球是有限的，但篮球上的一只蚂蚁永远不会撞墙或触到边界。

甚至说，无限的空间有可能被分割成两个无限的面，比如前面提到过的圆柱形时空就可以。而它们并没有在所处的更大的空间中“占地方”，就如我们所知，时空不会占据更高维的空间。

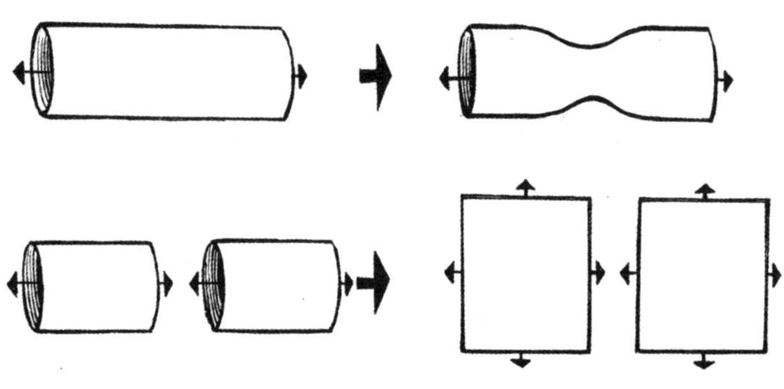

所以，空间不一定是个整体，时间可能会分叉（虽然相对论严格限定了可能的情境）。

杰勒西定律

结束这个话题前，我们停下来看看时间旅行、时间分叉、不可定向之间有趣的联系。1967 年，芝加哥物理学家**罗伯特·杰勒西**（1942— ）证明，如果“空间拓扑”随着时间变化——发生空间分割或时间分叉——那么时空（如果封闭且无边，就像上面提到的一个球）要么有“时间旅行的路径”，要么在时间上“不可定向”。

永恒轮回

还有一种可能性，就是永恒轮回——即世界的每种状态都会重复发生无数次。早在苏格拉底之前，就有哲学家提出这个观点。德国道德哲学家**弗里德里希·尼采**（1844—1900）更是让它名扬天下。

这和好莱坞电影《土拨鼠之日》(1993 年) 中比尔·穆雷身上发生的情况几乎一样。关于这个理论，喜剧作家伍迪·艾伦提到，如果这是真的，那么他很后悔观看了冰雪滑冰 (一场有娱乐价值但有争议的美国滑冰秀)。

前往大爆炸

根据我们掌握的知识，永恒轮回理论是否可能？可以犹豫地回答“是的”。英国物理学家**罗杰·彭罗斯**（1931—　）和史蒂芬·霍金在 20 世纪 60 年代和 70 年代证明，在这个广义相对论的世界里，越是回到过去，物质和能量就越浓缩。事实上，到了一个点上，所有旅行者都会走投无路。这种特性一般被认为，证明了存在一个点——被称为“奇点”——在这个点上，物质和能量如此浓缩，以至于力无穷大，而这个点无法得到准确描述。

大爆炸之所以重要，是因为人们认为它可能会排除永恒轮回的可能性。如果我们这个世界在一千二百万年到一千五百万年前开始于大爆炸，那么无限的循环还不曾发生。然而，奇点理论并不能排除永恒轮回的可能性。

哲学上的反对意见

在一个好似“香肠串”的宇宙中，可以把时间定义为从宇宙的一种阶段到另一种阶段。

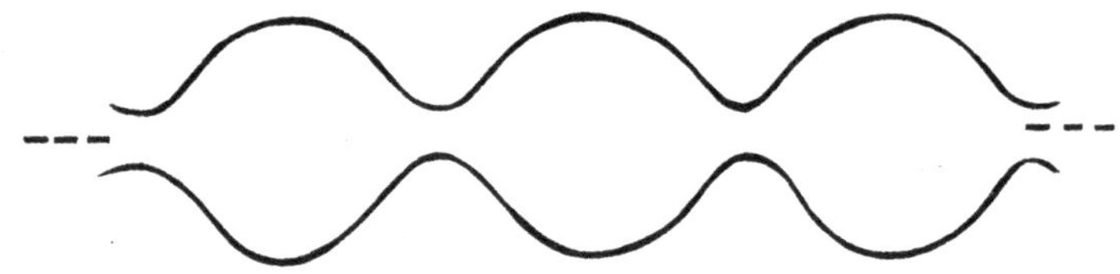

当然了，哲学上反驳永恒轮回很简单。考虑一下尼采是怎么说的，然后考虑该如何“理解”。

宇宙的每个阶段都完全一致，无限地循环……

……然而，有什么可能的证据能让人相信，存在无穷多个阶段，而不是仅有一个阶段呢？

当今有一些物理学家推测，在相似的时空中，重复的阶段各不相同。

闭合时间和开放时间

我们认为，时间要么是开放（线性）的，要么是闭合（圈状）的。值得说明的是，在相对论看来，这种区别也只是“相对观察者而言的”。平的圆柱时空很能说明问题，它能解释这点。我们来看火箭 A 和火箭 B 。

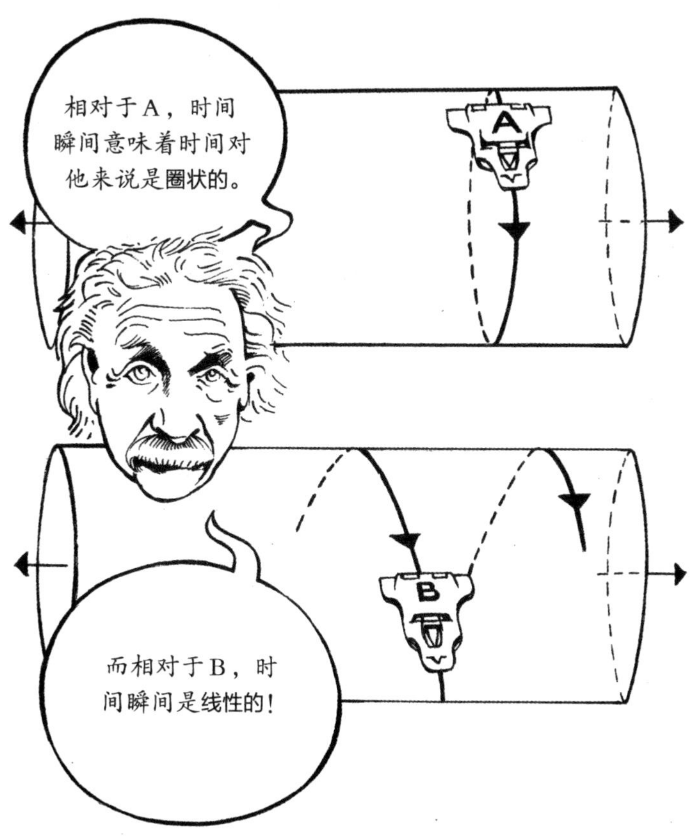

取决于观察者，同一个时空，既可以是无限长的，也可以是有限闭合的。我们说了，这是观察视角问题。

到这里，做个小结

我们探究了好几种时间可能具有的奇怪属性，并且探究了自然定律是否允许这样的属性存在。奇怪吧，广义相对论似乎支持所有这些属性，还有一些我们没有预料到的。

现在，我们将注意力从相对论和时空转移到我们宇宙的“物质内容”以及它和时间方向的关系。

时间的方向

菲利普・K. 迪克在小说《逆时针世界》（1967 年）中写道，时间的方向在 1986 年颠倒，地球上的人称地球进入“霍格思时期”。霍格思是故事中一个科学家的名字。他预言，“时间的箭头”会变换方向，在霍格思时期，很多事情是倒着发生的。

在这个时期里，死者在坟墓里喊话，想要被挖出来。人们靠吸会长成香烟的烟蒂来清洁肺。而加奶的咖啡会自动分成一杯黑咖啡和一杯牛奶。

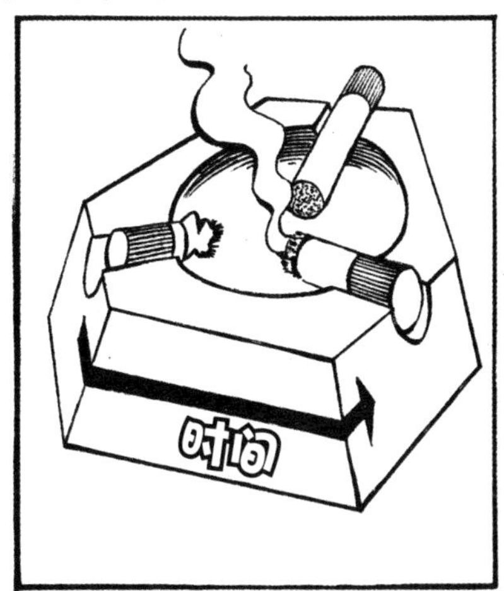

“无法逆转的”事件

虽然“时间箭头”的逆转会在小说里发生，但在真实世界里却似乎不可能。自然中，事件的发生在时间上并不对称。

时间逆转不变

然而，基础物理学告诉我们，这些奇怪的逆转过程“可能”发生。自然基础定律是“时间逆转不变性”的。也就是说，自然定律对时间过去和未来的方向并不区别对待。令人惊奇的是，牛奶从咖啡中分离、空气自发集中到房间的小角落，这些并不违反自然定律。

看下面两张图……

即使没有标号，我们也能立即知道，哪个发生在前，哪个发生在后。

从粒子层面观察

现在我们来看看同样的情况，但不用肉眼，而是用电子显微镜。我们聚焦到瓷器店里的一小组粒子。

在这里，自然的方向性消失了。如果我们把这些粒子想象为经典牛顿力学下的桌球，我们看到的就是，要不这么碰撞，要不那么碰撞。只看这两张图的话，我们没法知道哪一张发生在前，哪一张发生在后。

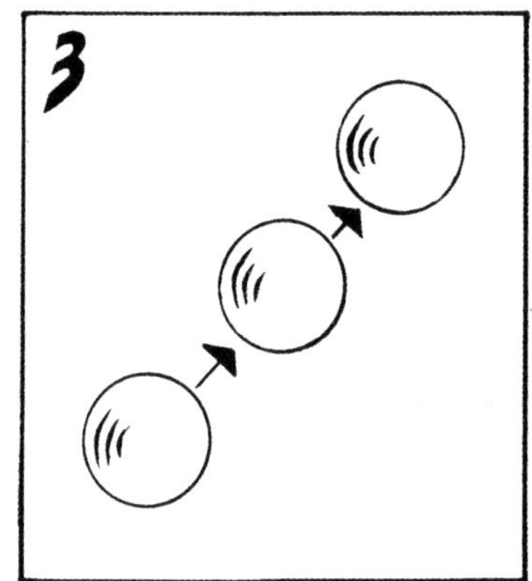

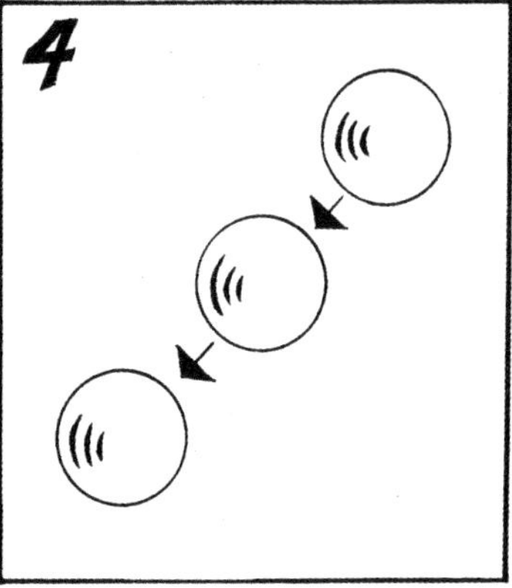

两种排序，3 前 4 后、4 前 3 后都符合牛顿力学，也都符合"量子力学"的多种诠释。量子力学理论在 20 世纪取代了牛顿物理学。

如果我们拍下这些粒子的视频，再倒着播放，这反向的视频所呈现的过程依然是物理定律允许的。这就是时间逆转不变性。

因此，在基础物理看来，当牛从商店退出去，有可能所有的瓷器碎片会跳起来并恢复原状。

当然了，这一切并没有发生。我们可能会奇怪为什么，但对我们来说这还不是一个大问题，因为这些有可能的事情毕竟都没有发生。比如一个人一辈子投篮从来不会投偏，从物理学角度看也是可能的，但我们不会绞尽脑汁思考为什么这些从来没有发生。只有进行更多科学探索后，我们才真正碰到了难题。

关于热的科学

18 世纪，热动力学得到发展。热动力学就是关于热的科学。一开始，热力学最关心如何建造效率更高的蒸汽机，这背后有什么理论。热动力过程包括从高温物体到低温物体之间的自发热传递。如果你把一个高温物体放到一个低温物体附近，高温物体会失去热，而低温物体会热起来；热的咖啡在室温下会冷却下来，而周围环境会稍稍变暖。

热不需要人去抓紧了然后转移。无论到底“它”是什么，热自己就会移动。而当两个物体的温度相等时，就达到了“平衡”——热传递就自动停止了。

还有一种常见的热动力过程是气体自发扩散，空气会占领周围可移动的空间，即“可达容积”。如果一个人捧着一烧瓶的有毒氯气进房间，并把烧瓶打开瓶口，放在一个角落，我们都知道要逃开。

自发过程

你们从这些例子里可以看到，热动力经常是关于时间不对称的现象。热在一个“封闭系统”中，自发从热的地方移动到冷的地方，从来不会从冷移动到热的地方。空气自发扩散到可达容积，而从来不会自发收缩。同样，在同样室温的封闭空间里，冰块会自发融化，而布丁不会自发变成冰块。

但这就是耍赖了，因为冰箱并不是一个封闭系统，为了做功，它必须从外界接受能量。而冰块融化这个过程是自发的，不需要做功。

熵定律

为了描述所有这些不对称的过程，热动力学包含一条定律——热力学第二定律。这条定律是基于法国物理学家和军事工程师**萨迪·卡诺**（1796—1832）的研究。人们用不同形式表述过这条定律，而最终德国物理学家**鲁道夫·克劳修斯**（1822—1888）声称，一个闭合系统的熵总是随着时间增加。

对于我们来说重要的是，以上这些实际发生的过程中熵在“增加”，而如果过程的顺序倒过来，熵就会“减少”。由此，第二定律就排除了诡异的逆转过程。所以，这就是逆转过程的可能性，是吧？

再来看牛顿粒子的问题

不，这并没有排除所有逆转过程。问题是这样的，冰块、热的物体、气体都是由牛顿粒子组成的——事实上，它们是由“量子场”组成的。但我们先不说得这么复杂，让我们假设，气体、热的物体、冰块“只不过”是运动中的牛顿粒子。

如果牛顿物理学认为逆转过程是可能的，那就意味着被热力学第二定律排除的逆转运动是可能的。那么第二定律就不是百分之百严格正确了。

那么我们如何用牛顿粒子来解释热动力行为的存在呢？

统计力学

伟大的物理学家**开尔文勋爵**（1824—1907）、**詹姆士·克拉克·麦克斯韦**（1831—1879）、**路德维希·玻尔兹曼**（1844—1906）以及 **J. 威拉德·吉布斯**（1839—1903）等人进入了这个领域。他们发明的理论叫作“统计力学”。在非常微小的系统中，它解释了偏离热动力学的波动。

对于第二定律的统计动力学解释可以简单陈述如下。想象我们有 A 和 B 两个箱子，还有 20 个球，球的编号是 1—20。

统计不对称

玻尔兹曼注意到一些有趣的不对称现象。在两个箱子里，把球均匀分布或不均匀分布，有多种方式。比如，全放 A 中，B 中没有，只有一种方式；而五个球放 A 中，十五个球放 B 中有超过 15000 种方式（A 中放 1—5，其他放 B 中；3、4、13、16、18 放 A 中，其他放 B 中，等等）。

而 A 中放 10 个球，B 中放 10 个球，有超过 180 000 种方式！

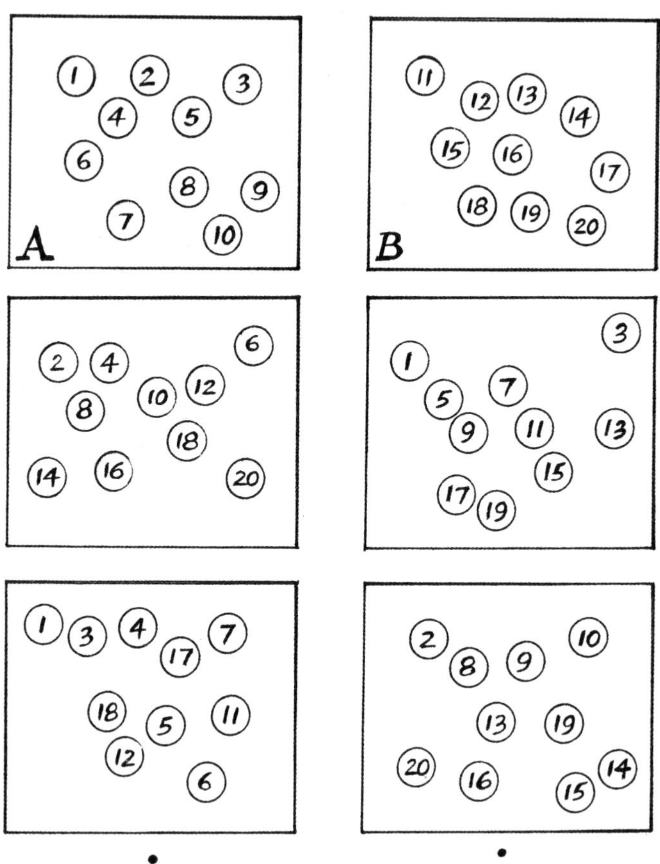

如果每种放球的方式发生的概率相同，那么非常非常可能，两个箱子里的球数是 10—10,9—11,11—9 的，而不太可能是 0—20 或 20—0。

逆转真的可能吗？

让我们回到关于气体的讨论，它可能在两个箱子中的其中一个。牛顿告诉我们，就算两个箱子之间的墙移开了，气体有可能还完好地留在一个箱子里。

对应的热动力学就显而易见了。均衡分布，例如 10—10，9—11,11—9，8—12,12—8 最有可能。而非均衡分布的可能性很小。玻尔兹曼同意说，牛顿的逆转过程是有可能的，就像 20—0 的分布是可能的，只不过可能性微乎其微。

事实上，这种可能性小得惊人。一般来说，用来观察的气体不止 20 个粒子，而是 10^{23}（也就是 10 之后跟上 23 个零）个粒子！两个箱子里气体均匀分布的概率出奇高。就这样，玻尔兹曼把热动力行为和牛顿物理学结合到一起。

烧瓶口打开时，里面的氯气不太可能一直待在烧瓶里，因为它有那么多地方可以去。要待在原地，需要分子间发生几万次可能性极小的碰撞。同样的思考也可用到冰块融化上，在室温中，由热到冷传递热最有发生的可能。

熵最有可能的态

熵可用来衡量一个态有多大可能性。非常有可能的态，例如台球的10—10分布，就有很高的熵，而0—20分布的熵很低。

虽然解释了玻尔兹曼的理论，我们看到一个问题。即玻尔兹曼对热动力行为的解释基本上只用到了牛顿力学和一些数学。但对粒子行为的解释是时间逆转不变的，即没有指出哪一个最可能的行为是在我们所称“未来”的方向上。

洛施米特困境

事实上，我们可以倒过来进行论证。给定一个不太可能的当前态——比如说刚打开瓶盖的烧瓶，按照刚才的推理，“此前的态”和晚些时候的态都是“更有可能”的态。确定了有高熵的高可能性态，但按玻尔兹曼来解释，没有打开烧瓶“之前”的熵还要更高一些。

后者和我们的经验相反，显然是错误的。这下，我们碰到大麻烦了。这个麻烦名字叫洛施米特反转困境，是根据玻尔兹曼的老师**约瑟夫·洛施米特**（1821—1895）而命名的。他得出的结论，和玻尔兹曼早期试图解释时间方向时的结论一致。

熵在哪个方向增加？

牛津数学家和物理学家罗杰·彭罗斯这样描述洛施米特问题……玻尔兹曼的统计力学预测，熵朝两个方向都会增加，但经验告诉我们，熵只在一个方向上增加（我们称之为未来的方向）。

在两个箱子装 20 个球的游戏中，我们最终会得到“低熵”分布，例如 5 个球在箱子 A 里 15 个球在箱子 B 里。我们要做的，只是等待一长段的时间。当我们讨论宇宙的全部组成，那里面的数量就远不止 20，我们不得不等待更长的时间。然而，如果时间无限长，最终我们会看到熵的小幅度波动。

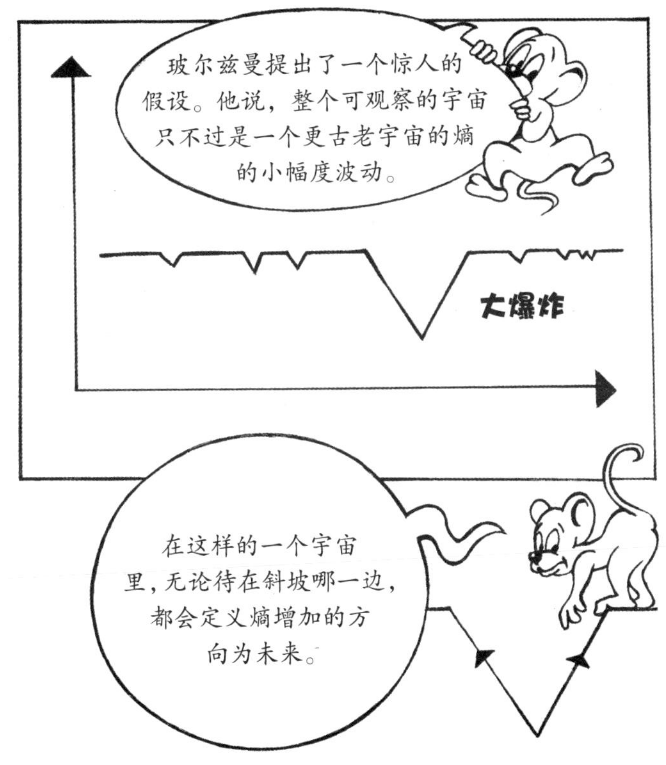

宇宙的统计学的发展

玻尔兹曼解释了，为什么我们只看到一个时间的方向。想象有两个箱子，我们从 5—15 的分布开始，我们预期会有 6—14 的分布，然后 7—13，然后 8—12，以此类推，直到达到平衡态。我们这个世界也是这样。这个宇宙是两个箱子游戏的放大版。大多数时间，宇宙处在 9—11 和 10—10 的分布中。但如果时间足够长，就有一丝可能跳到 5—15 的分布。

玻尔兹曼理论告诉我们，熵从一开始就在增加。

相比之下，地球向太阳系吐出一些损失了的能量。

我们并不期待会发生逆转过程，因为当前宇宙的态已经达到一种不可思议的不可能状态。再发生什么“不可能的”事情，已是极端不可能的了。

宇宙的边界条件

玻尔兹曼惊人的观点，包含了上述谜团最佳答案的核心。这个事实的核心就是，要想解开谜团，就要假设这个可观察宇宙的“开始”（而非“结束”）具有一个非常低的熵。今天，没人接受玻尔兹曼的全部说法。玻尔兹曼提出这些理论的时候，我们还没有今天已掌握的关于 120 亿到 150 亿年前“大爆炸”创造这个世界的任何证据。玻尔兹曼当年认为，我们观察到的宇宙是一个“古老”宇宙的小波动，今天我们认为它已经包含全部的存在。

彭罗斯估算，这个概率是 $1/(10^{10})^{123}$ 由此，我们通过引入一个时间不对称的边界条件，回答洛施米特提出的问题。

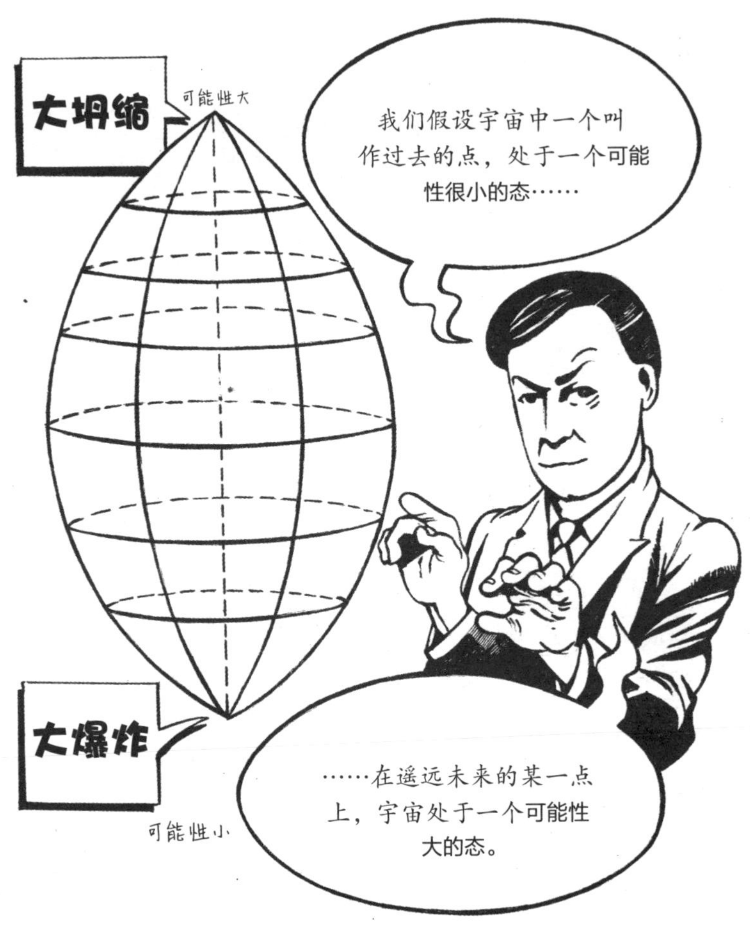

不太可能的假说

玻尔兹曼解释的另一个麻烦是哲学上的。比较以下两种假说的可能性……

假说 1：玻尔兹曼认为整个可观察的宇宙是偏离正常均衡的一个巨大而罕见的波动。

假说 2：我们观察的宇宙在十年前因波动而存在，但所有长远过去的所有记录是完整的（例如记忆、恐龙骨头、古老地质组成等）。

所以如果把玻尔兹曼的解释推演到逻辑的极限，就让我们晾在一个非常尴尬的位置上了：最有可能的是，这个宇宙在一刹那前才开始存在。

为什么熵真的会增加？

并不是每个人都喜欢现代版的玻尔兹曼理论。他们感到最不舒服的地方就是我们宇宙起始于一个极为不可能发生的态。当然，有人会说，除了宇宙开始于一个特殊态，对时间箭头是不是还应该有一种深层次的解释？在这里，物理学家和哲学家也提出了多种方法来逃脱这个困难局面，但他们几乎都会犯一个错误。澳大利亚哲学家**休·普莱斯**称它为“时间的双重标准”。

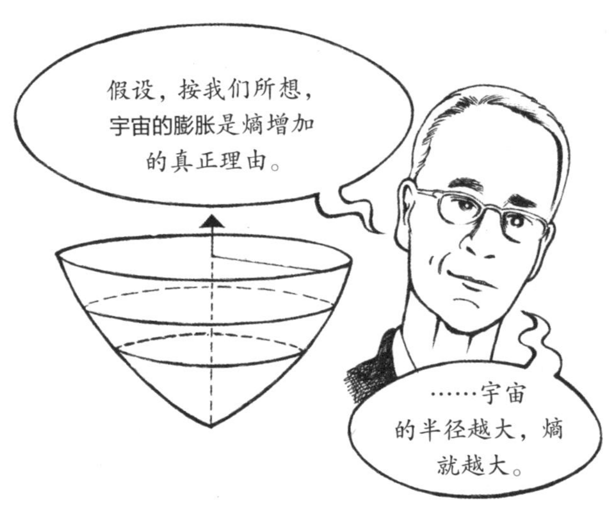

同时假设，就像我们看到的那样，物理定律是时间逆转不变的。低熵的开始就可以解释为，因为大爆炸那一刻和开始不久，宇宙的半径很小。而熵的增加可以解释为，大爆炸开始受到很小半径的限制，而宇宙的“终点”却“缺少”这样的限制。

“时间的双重标准”

问题在于，如果要保持一致性，就必须相同对待宇宙的两端。如果我们住的世界会以大坍缩（与“大爆炸”的时间相对）结束，而宇宙学家说这是可能的，那么我们就知道熵在另一个端是小的。这种情况下，我们就必须考虑一个世界里发生了时间方向的翻转。如果不这么做，就会犯下普莱斯所说的“时间的双重标准”的错误。

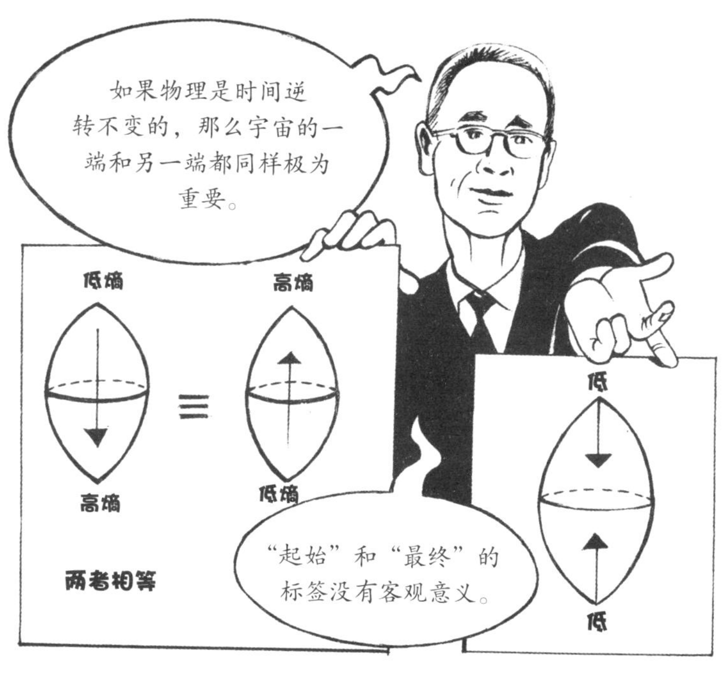

普莱斯说，要么我们能以某种方式同时解释宇宙两端的低熵，要么就根本解释不了。如果理论是时间逆转不变的，那么就不能有一个限制条件适用于起始端而不适用于最终端。

这种双重思考广泛遗害有关时间箭头的文学。我们就举其中一个例子吧。早期非常普遍的错误就是认为在宇宙时间逆转中的反热动力行为是不太可能的。想象一下，如果一个鸡蛋从桌子上掉下来能够逆转，那需要多少奇迹。

地上的能量要刚好在对的地点，有对的大小，还要正好是对的方向，才能把鸡蛋碎片重新弹起来，回到桌面。

不太可能吧！

是的，而重要的是，从逆向时间的角度看，物理上行得通，这类不太可能的事情会在我们的生活中到处发生，随时出现。

时间箭头逆转

我们假设过去的熵低而未来的熵高，这并没有排除“时间箭头”在宇宙某个区域翻转的可能性。

毕竟，我们可以在未来到达一个高熵的点，然后翻转，朝向一个低熵的最终态。

如果未来的最终态也是低熵态，那么我们可以想象，从宇宙两端到宇宙中间，熵是增加的……

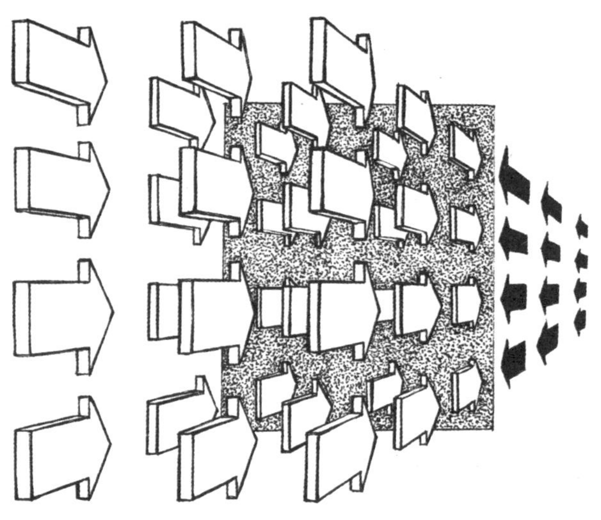

也就是说，从我们的角度看，我们将看到时间掉转方向。

会不会发生这样的事，我们并不知道。因为我们对宇宙终点的本质几乎一无所知。

和逆转的时间交流？

这样的宇宙会引发很多有趣的问题，例如我们可以和从未来终点逆转回来的人交流吗？很多哲学家和科幻作者参与了这个话题。想象一群人，生活在一个星系中，他们把我们称为“大坍缩”的，看作是他们宇宙开始的“大爆炸”。

假设在整个时空的中央，我们的星系“遇见”这个星系。

我们能和他们交流吗？

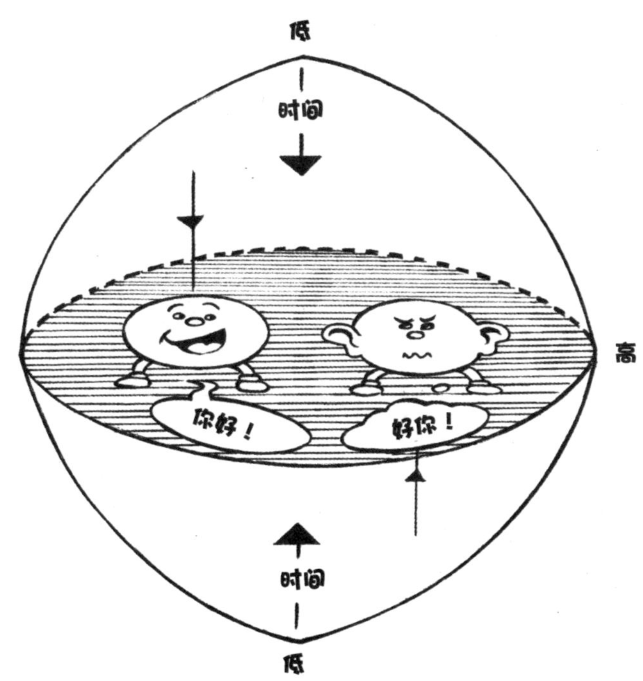

你最开始会觉得不可能，因为我们消息的开始，是他们接收到消息的结束。但没关系，因为他们可以用录音设备倒着播放，就像有人故意倒放录音来寻找“隐秘”消息。

时间逆转时的交流

这里有更诡异的事情。（注意了，思考这些可能会让你一阵头疼！）如果你于 t1 时刻向他们发送一条短信息，问他们“宇宙是有限的吗？”他们在 t2 时刻接收到了这条信息。在你看来，t1 早于 t2；但记着，从他们反向的角度看，t2 比 t1 早。如果他们回答了这个问题，那么我们在 t1 前就收到了回复。

也就是说，我们在还没有提问前，就收到了答案……

这和我们在讨论时间旅行时碰到的情况相同。

哲学家**默瑞·麦克比**想到了一个聪明的办法，去避免交流上延时的问题。科幻小说作者**格雷格·伊根**基于这个想法写了一整个故事……

（你开始感到头疼了吧……）

量子引力：时间的尽头？

过去 20 年，时间的存在遭遇了新挑战，这是由量子引力引发的。大家普遍认为，对宏大系统最好用的“广义相对论”和对微小物体最好用的“量子场理论”，两者是矛盾的。

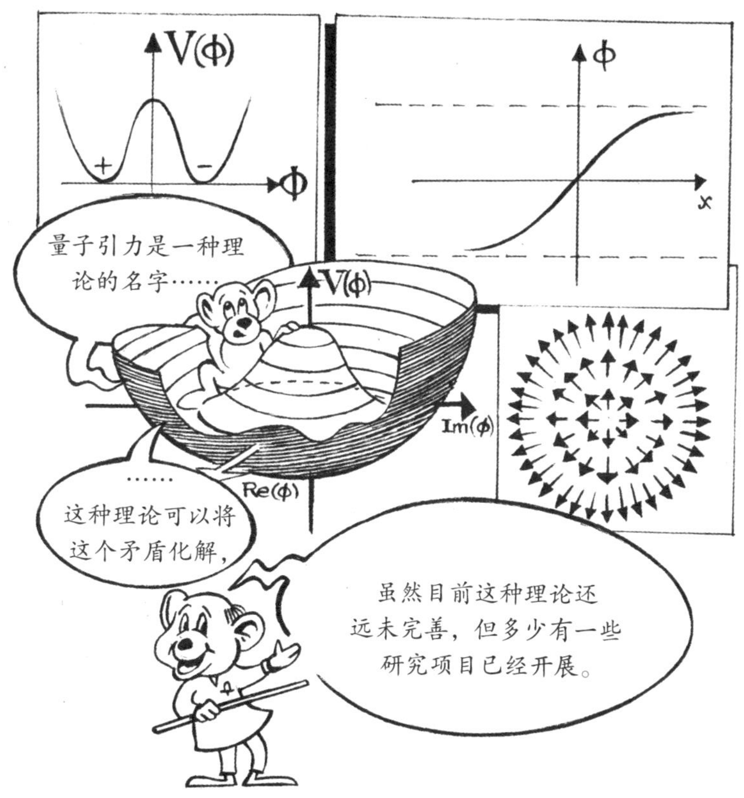

主要有两种方法：“超弦理论”和“正则量子引力”。在这里我们无法展开解释，但我们可以描述一个问题，它被称为标准或“正则”方法中“时间的问题”。

惠勒－德威特方程

正则量子引力中的时间问题很好解释，那就是根本没有时间！这个理论主要的公式，即惠勒－德威特方程，是由广义相对论中引入量子力学而得出的。然而，这个公式不以时间为变量。

然而，很多人认为这是可以纠正的，或是可以忍受的。再说了，这个理论也有很多优点，这么快就放弃还不到时候。

观点综述

讨论完这个问题，我们这本书也该收尾了。这挺合适，不仅因为它详述了有关时间的最新观点，而且在对惠勒－德威特方程“无时间性”的反应中，我们能听到至今为止几乎所有对时间的观点回响。

从表面看来（虽然可以有不同的解释），这个被加上的时间有点像牛顿的**绝对**时间。

完美的“主钟”

另一些人认为，对正则量子引力的数学描述、数学表达是完备的，只不过它里面隐含了一个时间变量或“主钟”，人们尚未发现。这些人梳理了其数学表达，寻找其中扮演时间角色的部分。例如，某个完美的钟，参照它就可以解释观察到的变化。

人们努力寻找数学表达内含的钟。而这种对时间的认识，有点类似莱布尼茨或庞加莱。

时间之不存在

英国物理学家**朱利安·巴伯尔**（1937— ）等一些人认为，这个理论宣告，时间完蛋了。巴伯尔认为，这个数学表达告诉我们某些深刻的道理，即时间并不存在。这自然让人回想起麦克塔加和哥德尔，我们必须要问……

或许我们可以这么来理解，巴伯尔作为一个时间相对主义者和约定主义者，并不认为时间不存在，而是在说时间远比你想的要微不足道（比如无时态的、非牛顿式的，不是线性的，也不是基础的）。

对谜团多了解一些

时间对于圣奥古斯丁来说非常神秘，对于我们依然如此。而科学和哲学让这个谜团变得明朗了一些。多亏有了统计动力学，我们可以表述关于时间方向的问题。多亏有了广义相对论这一关于时空的科学，我们可以严谨地探究时间旅行、时间分叉等问题。多亏有了哲学，我们更好地理解了逻辑的格局：比如我们知道时间可能是绝对的或相对于关系的、约定的、有时态或无时态的，或是不真实的。

延伸阅读

关于钟表，可参考大卫·兰德斯的《时间的革命》(*Revolution in time*, Viking，2000)。达娃·索贝尔的《经度》(*Longitude*，*Fourth Estate*, 1996)讲述了一段有趣的历史，说的是哈里森发明了足够准确的钟表，航海家能用它来确定经度。

关于时间的早期哲学史，可参考理查德·索拉布吉的《时间、创造、延续》(*Time, Creation and the continuum*, London: Duckworth, 1983)。

关于绝对主义、传统主义和相对主义等哲学话题，从以下几本书开始阅读还不错：汉斯·赖辛巴哈的《空间和时间的哲学》(*The Philosophy of Space and Time*，NY: Dover，1958)、劳伦斯·斯克拉的《空间、时间、时空》(*Time and Spacetime*，LA: University of California Press，1974)、巴斯·冯·弗拉森的《时间和空间的哲学导论》(*An Introduction to the Philosophy of Time and Space*，NY: Columbia University Press, 1985)。

更多关于时间作为第四维的书，有乔治·戈莫的《一、二、三……无穷》(*One, Two, Three...Infinity*,NY: Dover,1988)和鲁迪·鲁克的《几何、相对论、第四维》(*Geometry, Relativity and the Fourth Dimension*，NY: Dover,1977)。

罗伯特·杰勒西的《广义相对论——从 A 到 B》(*General Relativity from A to B*, University of Chicago, 1981)对广义相对论做了准确详尽的非技术性介绍。

关于时间的哲学，有一些非常好的短文，可以阅读罗宾·勒彭迪旺和默瑞·麦克比《时间的哲学》(*The Philosophy of Time*，NY: Oxford University Press,1993)。

关于时间的方向和相关话题，有保罗·霍维奇的《时间的不对称》(*Asymmetries in Time*, Cambridge，MA: MIT Press，1987)、休·普莱斯的

《时间的箭头和阿基米德的点》(*Time's Arrow and Archimedes' Point*, NY: Oxford University Press,1996)、史蒂芬·萨维特的文集《当今时间的箭头》(*Time's Arrow Today*, Cambridge: Cambridge University Press,1995)。

推荐罗杰·彭罗斯在《帝王的新思维》(*The Emperor's New Mind*, Oxford: Oxford University Press,1989)中关于热动力学第二定律的讨论。

关于时间旅行，必须要读保罗·纳辛的《时间机器》(*Time Machines*, NY: Springer-Verlag,1999, 2nd Ed.)。这本书谈论了在物理、哲学、科幻小说中的时间旅行，非常有趣，涵盖了大量参考文献。霍维奇和萨维特的书里也有关于时间旅行很好的讨论。

关于量子引力对时间的影响，有朱利安·巴伯尔的《时间的尽头》(*The End of Time*, London: Phoenix Paperbacks, 1999)、克雷格·卡兰德和尼克·哈吉特的文集《在普朗克尺度上，物理和哲学相遇》(*Physics Meets Philosophy at the Planck Scale*, NY: Cambridge University Press, 2001)

网络优质资源有：哲学百科（www.utm.edu/research/iep/t/time.htm）上有关时间的条目，或在斯坦福哲学百科 (plato.stanford.edu/entries/time/travel/phys) 上关于时间旅行和现代物理的条目。

致谢

克雷格·卡兰德非常感谢丽莎·卡兰德和帕特·麦克葛文对本书初稿的真切帮助。

索引